萬事通教授 知識筆記

暢銷童書繪者

泰瑞丹頓的超級讚百科

快樂文化

萬事通教授知識筆記

暢銷童書繪者 泰瑞‧丹頓的超級讚百科

著　　　者	泰瑞‧丹頓	
譯　　　者	王心瑩	
責 任 編 輯	許雅筑	
設計與排版	丸同連合	

快 樂 文 化

總 編 輯　馮季眉　●編輯　許雅筑
FB 粉 絲 團　https://www.facebook.com/Happyhappybooks/

讀書共和國出版集團

社　　　長　郭重興　●發行人　曾大福
業務平臺總經理　李雪麗　　　　　●業務平臺副總經理　李復民
實體暨直營網路書店通路協理　林詩富　●海外通路協理　張鑫峰
特販通路協理　陳綺瑩
印 務 部　江域平、黃禮賢、李孟儒

出　　　版	快樂文化／遠足文化事業股份有限公司	
發　　　行	遠足文化事業股份有限公司	
地　　　址	231 新北市新店區民權路 108-2 號 9 樓	
電　　　話	(02) 2218-1417	●傳真 (02) 2218-1142
網　　　址	www.bookrep.com.tw	●信箱 service@bookrep.com.tw
法 律 顧 問	華洋法律事務所蘇文生律師	

印　　　刷	中原造像股份有限公司
初 版 一 刷	2023 年 4 月

定　　　價　450 元
I S B N　978-626-97198-0-8 (精裝)　●書號 1RDC1011
Printed in Taiwan 版權所有‧翻印必究

Terry Denton's Really Truly Amazing Guide to Everything
Text and illustrations Copyright © Terry Denton, 2014 and 2020
First published in part by Penguin Books Australia in 2014
This edition first published by Penguin Random House Australia Pty Ltd. This edition published by arrangement with Penguin Random House Australia pty Ltd through Andrew Nurnberg Associates International Limited.

特別聲明：有關本書中的言論內容，不代表本公司／出版集團之立場與意見，文責由作者自行承擔。

國家圖書館出版品預行編目 (CIP) 資料

萬事通教授知識筆記：暢銷童書繪者泰瑞‧丹頓的超級讚百科／
泰瑞‧丹頓文／圖－初版－新北市：快樂文化出版：遠足文化事業
股份有限公司發行，2023.04，259 面；16×23 公分
譯自：Terry Denton's really truly amazing guide to everything.
ISBN 978-626-97198-0-8 (精裝)

1.CST: 科學 2.CST: 通俗作品
307.9　　　112002683

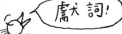

獻給克莉絲汀

並感謝蜜雪兒補充的調查資料，

以及東尼的設計。

這本書有什麼內容？
（準備大吃一驚吧！）

泰瑞·丹頓教授寫的非常嚴肅且超級重要的前言

小馬，這是我們的內容目錄頁。

小鳥，我有內容嗎？

泰瑞丹頓

教授寫的非常嚴肅
且超級重要的前言

嗨,各位讀者:

我們大多數人,
對很多事情只有了解一點點而已。
或者是說,沒有對很多事情都了解得很多。
不過,我對於幾乎每一件事都了解得還不少喔!
我敢說,你甚至不知道我是一位教授。

嗯,其實我也不知道。

不過我真的是教授啦!
我的小鳥、我的小馬,
還有我的巨蜘蛛都這麼說。

其實呢,每個人都知道我是

萬事通教授

泰瑞·丹頓寫的書耶!
他寫的書都很好笑,
而且很有教育意義!

矮凳

坦白說，**有些**事情我一點都不懂。
像是化妝和時尚、修理汽車、
駕駛飛機、開心手術、閉心手術，
還有訓練大猩猩……

不過，我研究過**其他所有**的事情喔。

而且我覺得你也會同意，
那全都是非常有趣的事。

在這本書裡，你會學到的事情有：

宇宙，它真的非常、非常、非常、非常、非常、非常大。
裡面當中有幾十億顆又大又圓的東西，
它們環繞著（算是吧）數十億顆其他更大又更圓的東西。

地球，它也非常大喔，而且充滿了熾熱熔融的鐵。
但不知道為什麼沒有燃燒起來。

地球上的生命，包括各式各樣奇怪的動物，像是小鳥和小馬，
以及小蟲，還有小不拉嘰的細菌，
它們大多數都想辦法要吃掉你。

人體，以及各個器官如何運作……或者如何不運作。
或者在演化上的史詩級失敗。

所有的**酷東西**，由人類運用聰明腦袋和靈巧雙手所發明和製作
出來的。

還有一整個章節講解**時間**，不過這很複雜，我完全搞不懂，
而且我解說過之後，你也不會懂啦。

所以呢，不要再讀我這篇非常嚴肅且超級重要的前言了，
趕快開始讀這本……

而你也會變成（差不多）萬事通教授喔！

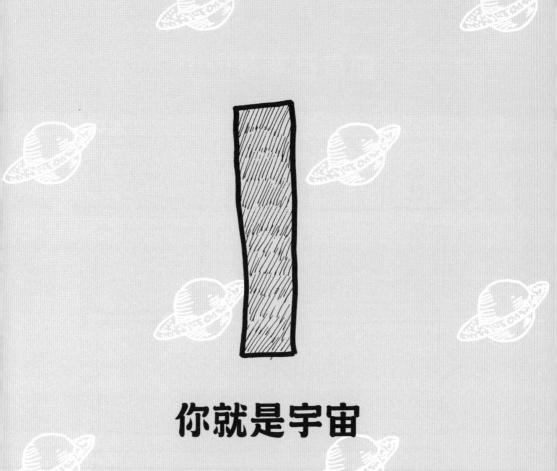

你就是宇宙

宇宙 **很大**
非常大

如果你站在宇宙的「中心」，
最外側「邊緣」的距離可是遙遠到嚇死人，
足足有434,000,000,000,000,000,000,000公里那麼遠。

好多好多公里啊!
所以我們才會說宇宙很

如果你有一輛太空汽車,
速度可以達到每秒1000公里(那樣非常快喔!),
那麼你還是要耗費
20,000,000,000,000年(20兆年)
才能抵達遙遠的宇宙「邊緣」。

嘿,小鳥,那是宇宙的邊緣嗎?

太空汽車

不是,小馬,那是這一頁的邊緣啦。

真是非常久的時間。
比宇宙存在的時間更久。
而且⋯⋯
這樣講你會更聽不懂:沒有人知道宇宙到底有沒有「邊緣」。
大多數科學家認為,宇宙不斷的環繞自己與包裹自己,
於是變得愈來愈大。
它有可能永遠一直膨脹下去。

就連世界上最聰明的人也不是很確定。

宇宙是由什麼東西組成的？
宇宙的主成分是

沒什麼東西

在我們小小的太陽系裡，
就連行星之間的距離都超遙遠。
1977年，太空船「航海家二號」展開一段
飛越所有行星的旅程，它花費12年才抵達海王星，
那是距離太陽最遠的行星。
航海家二號的飛行速度是每秒5萬6000公里。
那樣很快！

沒什麼東西
害我頭好痛。

所以說，就連我們的太陽系絕大部分也都

沒什麼東西

在我們的星系裡，也就是**銀河系**裡，
包含了超過**400,000,000,000**（4000億）顆恆星。

而整個宇宙裡面，科學家認為有超過
1,000,000,000,000,000,000,000,000顆恆星。

那樣的數目實在沒辦法想像。
除非你去一片海灘……因為一般大小的海灘，上頭的沙粒數量
大約就像宇宙裡的恆星一樣多。

萬事通小寶盒

恆星是巨大的氣體球，因為引力的吸引而凝聚在一起，這些力
量非常強大，把所有氣體拉攏得愈來愈緊密，到最後，使氣體
的原子塌陷，啟動核融合過程。融合是指兩個原子合併在一
起，並且釋放出能量。大多數的恆星是把氫原子融合成氦原
子，並以熱和光的形式釋放出能量。

那麼，來總結一下：

你　　　　　　　恆星　　　　　　　宇宙
↓　　　　　　　　↓　　　　　　　　↓
很小　　　　　　很多　　　　　超大！

這個玻璃罐
裡面畫了
100粒沙子。

想像一下，在這個
罐子裡面畫上滿
滿的小沙粒，而且
一邊畫一邊計算
數量。你會很驚
訝，竟然要畫那麼
多的沙子才能填
滿玻璃罐！

小鳥，好難計
算喔。我想用
手指頭和腳趾
頭幫忙算，可
是兩者我都
沒有！

1, 2, 3, 4, 5, 6……

太陽系只有一個，不過宇宙中還有許許多多的恆星系統，
天文學家每一年都會發現新的恆星。

如果有超過1,000,000,000,000,000,000,000,000顆恆星，
那麼可能就有超過
1,000,000,000,000,000,000,000,000個恆星系統。

生命需要太陽的光和熱才能存活，
所以在那些恆星的周圍，**可能**有像是地球這樣的行星環繞著恆星旋轉。
還有一種重要的成分是**液態水**，
如果地球更靠近太陽，像水星或金星那樣，那麼水就會沸騰；
假如距離稍微遠一點，我們則會像火星一樣，變成冷冰冰的岩石球。

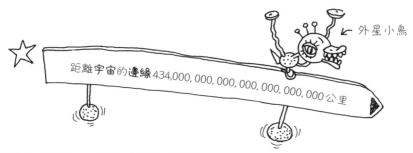

← 外星小鳥

距離宇宙的邊緣 434,000,000,000,000,000,000,000,000公里

科學家研究宇宙中其他天體傳來的光，
可以得知它們的大氣包含哪些氣體和元素，
如果含有水或氧氣，那會是好消息。
但是外星生物的長相很可能與我們想的不一樣……

一閃一閃亮晶晶！
抬頭看看今晚的星空吧……
它們真的閃閃發亮，
不過只有從地球方向看過去才會這樣。
若是從遙遠的太空看過去，
它們只像圓圓的光點。

當星光穿透我們行星周圍的層層空氣
和氣體時，光線會彎曲和晃動。

你很快就會知道
有關恆星必知的（幾乎）

每一件事！

不過，人類以前就知道恆星可以
幫助我們在夜晚判斷時間。
以及找出我們在地球上所在的
位置，就好像夜空中的一張地圖。

有好幾千年的時間，
人們以為地球是平的。
即使到了500年前，人們也
還不知道地球繞著太陽轉。
而在知道這點之後，人們
還以為太陽是宇宙的中心。

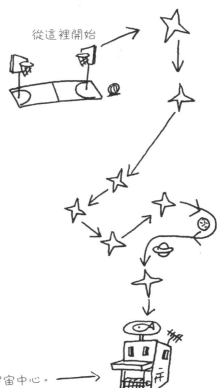

從這裡開始

星星地圖指向你的宇宙中心。　➡

要飛走還是變煎蛋？

太陽是從巨大的旋轉雲團中誕生，
這種由氣體和塵埃構成的雲團稱為星雲。
星雲向內塌陷，而且旋轉得愈來愈快，
結果變得扁平，成為圓盤的形狀，
也就是我們太陽系現在看起來的樣子。

太陽在正中央漸漸形成，
其他物質則在周圍凝聚起來，變成一顆顆行星。
恆星擁有強大的力量，把所有的東西拉向它，
這就是引力。
那為什麼太陽沒有把地球直直拉過去，讓地球熱得像顆煎蛋？

地球蛋　→　太陽　　　　煎地球蛋

這是因為，地球也帶著很大的能量向前運行。
這種向前的能量，以及把我們拉向太陽的引力，兩者達成平衡。

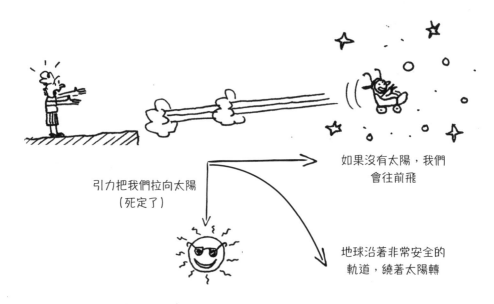

如果沒有太陽，我們
會往前飛

引力把我們拉向太陽
（死定了）

地球沿著非常安全的
軌道，繞著太陽轉

如果太陽不見了，地球和所有其他的行星就會沿著直線拋飛出去。
我們會飛進冰冷黑暗、空無一物的太空。

彗星和小行星

我們環繞太陽的旅途上有很多同伴，
它們是小行星和彗星。

彗星是由冰、塵埃和岩石所構成。
有時候你會看到彗星的**尾巴**，
那包含了氣體和塵埃。

每隔75或76年，
哈雷彗星會通過地球附近。
數千年來，它被歷史學家記載下來，
也出現在藝術作品裡。

我能再看到它嗎？

你會，我不會。

我會。

嘿，小馬！有一顆流星耶！

我知道！小鳥。

小行星則是在太空裡
運行的岩石塊。
在火星和木星之間
有數十億顆小行星
繞著太陽轉，
構成一條**小行星帶**。

有些小行星很小，但有些小行星比較大、比較圓，
變成升級版。它們是**矮行星**。

萬事通小寶盒

來自太空的天體一旦撞上地球的大氣，我們稱為**流星**。大多數的流星會燒個精光，**不會**撞上地球，我們只會在夜空中看到一道亮光。**隕石**則是真正撞上地球表面的太空天體。造成恐龍滅絕的元凶，有可能是一顆大型的隕石。

黑洞

……很奇特又神祕。

有一位傑出的科學家，名叫阿爾伯特‧愛因斯坦，
他早在1916年就預測有黑洞的存在。
但天文學家直到1971年才發現第一個黑洞。

黑洞是從塌陷恆星的核心之中產生的，
有的黑洞很**巨大**，有的很微小，
它們的引力非常強大，甚至連光線也會被吸進去。

所以，你是看不見黑洞的。
科學家之所以知道有黑洞的存在，
是因為觀察到它們周圍天體的狀況。
有時候會觀察到**吸積盤**，
這是一個發亮的螺旋狀構造，
由被吸入黑洞裡的氣體和塵埃所組成。

愛因斯坦
和
黑洞

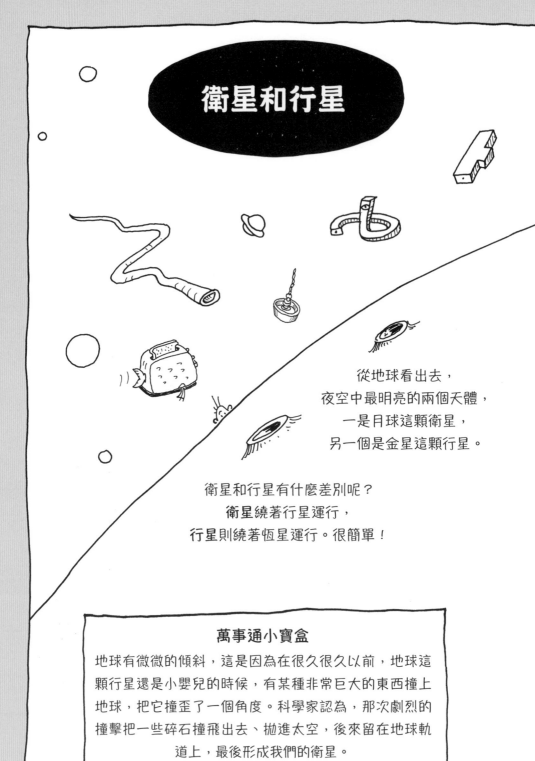

衛星和行星

從地球看出去，
夜空中最明亮的兩個天體，
一是月球這顆衛星，
另一個是金星這顆行星。

衛星和行星有什麼差別呢？
衛星繞著行星運行，
行星則繞著恆星運行。很簡單！

萬事通小寶盒

地球有微微的傾斜，這是因為在很久很久以前，地球這顆行星還是小嬰兒的時候，有某種非常巨大的東西撞上地球，把它撞歪了一個角度。科學家認為，那次劇烈的撞擊把一些碎石撞飛出去、拋進太空，後來留在地球軌道上，最後形成我們的衛星。

海王星 ⚪
天王星 🪐
土星 🪐
木星 ⚪ 火星 鳳梨
地球

並非所有的衛星都是死氣沉沉的岩石。
木星有一顆衛星叫做木衛二,
科學家已發現證據,顯示它地表的冰層底下有巨大的鹹水海洋,
它也有薄薄的含氧大氣層,
從很多方面來看,木衛二比它所環繞的木星更像地球。

不過,在太空中隨處飄浮的**任何東西**,
都有可能進入某個行星的軌道,形成一顆衛星。

而在衛星周圍,也能夠有天體環繞它運行。

一共有八顆大型行星環繞太陽運行。
但還有其他天體繞行太陽,包括所有的小行星和彗星,
還有一些矮行星,像是
穀神星、冥王星、鳥神星和鬩神星……

外加一大堆又一大堆的宇宙塵埃。
是的,真的是這樣!

在太陽系裡面，我們的月球是第五大的衛星。
除了地球以外，月球是唯一人類曾經在上面走過的星球。
月球沒有風也沒有雨，因此直到今天
都還可以在塵土上看見太空人的足跡。

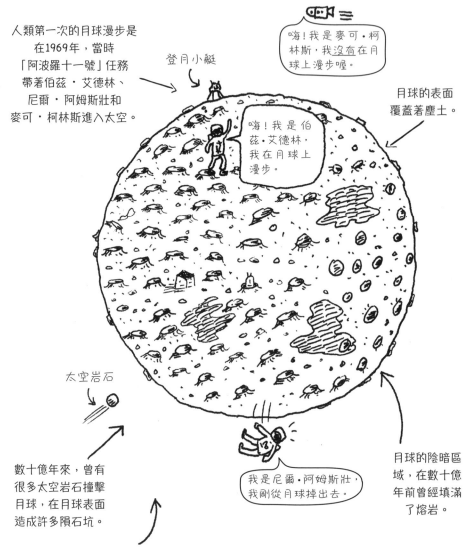

人類第一次的月球漫步是在1969年，當時「阿波羅十一號」任務帶著伯茲・艾德林、尼爾・阿姆斯壯和麥可・柯林斯進入太空。

登月小艇

嗨！我是麥可・柯林斯，我沒有在月球上漫步喔。

月球的表面覆蓋著塵土。

嗨！我是伯茲・艾德林，我在月球上漫步。

太空岩石

數十億年來，曾有很多太空岩石撞擊月球，在月球表面造成許多隕石坑。

我是尼爾・阿姆斯壯，我剛從月球掉出去。

月球的陰暗區域，在數十億年前曾經填滿了熔岩。

月球有大氣，但是很稀薄，而且不含我們呼吸所需的氣體。月球也有引力，但是很弱（約是地球引力的16.6％），如果你讓東西從手中落下，往下掉落的速度會慢很多。你在月球上量到的體重，大約會是地球上體重的六分之一。

月球繞行地球一周要花
27.3天。

月球也會自轉，
自轉一周也要花27.3天。

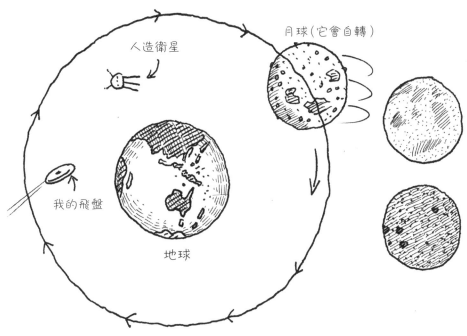

人造衛星

月球（它會自轉）

我的飛盤

地球

我們從地球上只看得到
月球朝向我們的這一面，
這一面的隕石坑看起來很像一張人臉。

我們看到的月相變化，是因為太陽照亮月球上不同區域而產生的，
而我們在地球上的觀看位置也有影響。
月相整個變化週期要花29.5天，
比起月球真正繞行地球一周的時間稍微久一點。

新月　　眉月　　上弦月　　上凸月　　滿月　　下凸月　　下弦月　　殘月

新發現的「杯子蛋糕」行星。
好吃！

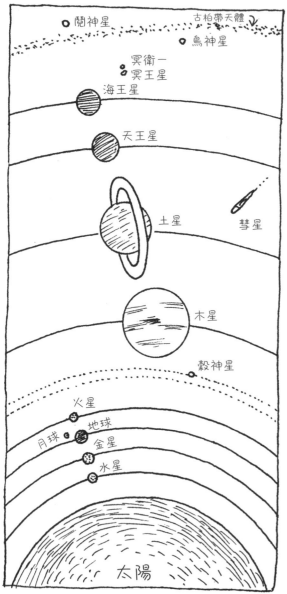

闔神星

古柏帶天體

鳥神星

冥衛一
冥王星

海王星

天王星

土星

彗星

木星

穀神星

火星

月球　地球
　　　金星
　　水星

太陽

氣態行星距離太陽較遠，
岩石行星則比較近。

我掌管這個杯
子蛋糕行星！

太陽是一顆黃矮星，
它的表面稱為光球層。

太陽大氣層的最外層稱為日
冕。你只有在發生日食的
時候看得到日冕，那時月球
位於我們地球和太陽之間。

同時，自轉的地球也 慢慢的繞行太陽。每顆行星繞行它們恆星一圈所花的時間都不同，有些行星甚至繞行**兩顆**恆星。
目前，地球繞行太陽一圈要花365.25天，
我們把這樣的時程稱為**一年**。

← 土星環

海王星

距太陽45億公里。大小與天王星差不多。海王星由氣體和冰組成，具有細細的海王星環，由冰和塵埃組成。有14顆衛星。別想住在這裡。

天王星

距太陽29億公里。比地球大四倍。最寒冷的行星。由氣體和冰組成。有27顆衛星。冰冷的大氣讓它看起來是淡藍色。對人類來說並不舒適。

土星

距離太陽14億公里。與木星一樣是大型的氣態行星。具有土星環，由大量的冰塊和塵埃組成，並有32顆衛星。這裡連造訪一下都不必。

← 大紅斑

木星

距太陽7億8000萬公里。最大的行星。有79顆衛星，巨大的木星環是由塵埃所組成。還有一團大風暴，從太空中就可看見它，稱為大紅斑，已持續存在了350年。有大量的灼熱氣體，並不好玩。

火星

距太陽2億3000萬公里。體積是地球的一半大。第二小的行星。有2顆衛星。火星表面呈現橘紅色，但它很寒冷。別住這裡。

地球

距太陽1億5000萬公里。是一個適合居住的好地方。

金星

距離太陽1億1000萬公里。與地球一樣大，但是非常熱。沒有衛星，表面覆蓋著由硫酸形成的雲層。哎喲喂呀。

水星

距離太陽5800萬公里。沒有衛星，也是最小的行星。非常熱，最靠近太陽，但不是最熱的行星！

萬事通小寶盒

太空中是完全安靜的，因為要有東西振動才會產生聲音。在地球上，空氣分子發生振動，傳遞到你的耳朵。光波和無線電波可以在**完全**沒有東西的寬廣太空中傳播，但聲音不行。也因為這樣，太空人需使用無線電來通訊。

大約在 45 億年前，太陽從一團塵埃與氣體中誕生了。那似乎是**好久好久以前**的事。真的很久！

回到**更久更久以前**，大約 **140 億年前**……

宇宙萬物都始於……

這個霹靂，真是超級大！！

大霹靂創造出原子

原子構成了現存的
每一種東西。
每一種東西喔!

氫原子
(非常簡單)

原子與原子組合起來變成分子,
分子再組合起來,變成

所有東西

原子看起來像這樣,
正中央比較重一點點(原子核),
還有微小的電子在外圍繞圈。

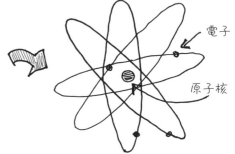

電子

原子核

不過呢,一顆原子幾乎等於
沒什麼東西。
而你是由原子構成,
所以你也幾乎沒什麼東西。
而且,所有的行星、衛星和恆星
都是由原子構成,所以它們也幾乎

沒什麼東西!

氦原子

碳原子

正中央畫成黑
色的部分是質
子。白色的部
分是中子。

這實在很難相信啊,不過是真的。

萬事通小寶盒

原子是構成宇宙的基本零件。原子超級微小,不過原子又是由更微
小的東西所構成,稱為次原子粒子(就是原子核內的質子和中子,
再加上電子)。就連次原子粒子也是由更小的東西所構成,稱為強
子和夸克。它們小到根本畫不出來。還有比它們更微小的東西嗎?
我們實在不知道。

沒有人知道，
在大霹靂創造出宇宙之前
是什麼樣子。

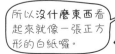

21

跟一顆 **恆星**
相比,你很小

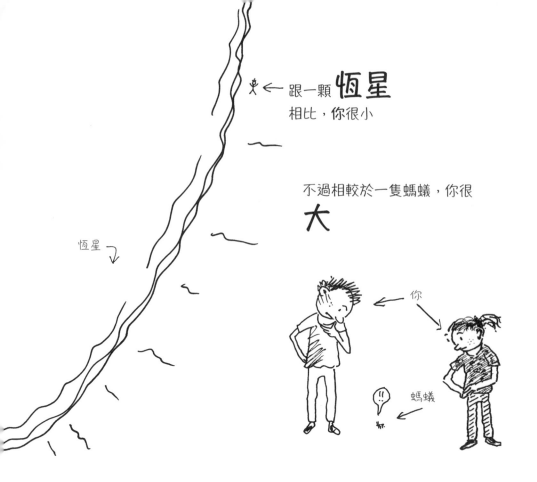

恆星

不過相較於一隻螞蟻,你很
大

你

螞蟻

當然啦,除非這隻螞蟻是一隻
巨蟻

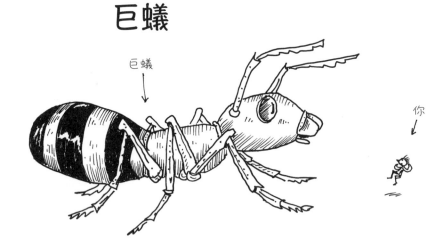

巨蟻

你

不過，比起「水熊蟲」這種非常微小的動物，
就連小到不能再小的螞蟻都很

真實大小
↓

水熊蟲

↑
非真實大小

巨大

水熊蟲即使生長到最大，
體長也只有0.5毫米。

科學家一直在尋找
更小
還要再小
的生物。

他們找到的**細菌**，
體長只有五千分之一毫米。

病毒實在太小了，
必須藉助顯微鏡，
你才看得見它們。
↓

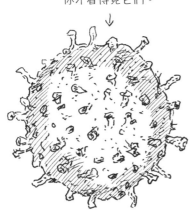

病毒更加微小，像是流感病毒、
麻疹病毒或冠狀病毒等。

大部分科學家都認為，
嚴格來說病毒不算是生物。
如果沒有**宿主**，
病毒就**什麼事**都不能做。
有時候宿主就是我們耶！
宿主幫助病毒生長、
自我複製和四處傳播。

萬事通小寶盒

當我們要衡量太空中的距離，可以用多少**光年**來表示。一光年大
約是9兆4600億公里。這是指光在一個地球年的時間內，穿越真
空環境所經過的距離。它的符號是ly。

探索星星的壯志

人們仰望觀察天上的星星已有很長一段歷史……但說到涉足太空，我們還像小嬰兒一樣，才剛開始學步走。

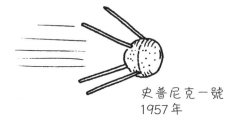

史普尼克一號
1957 年

1957年，我們把第一艘太空船放入地球軌道。
它叫「史普尼克一號」。

可惡！
又是脫水
食物！

史普尼克二號
1957 年

那一年稍晚，「史普尼克二號」載著第一隻動物進入地球軌道。
她不是貓，
她是一隻狗，名叫「萊卡」，
很遺憾她沒能返回家園。

我們會好好記住「太空狗」萊卡
（實際的故事不是那麼美好）

尤里・加加林
1961 年

第一位在外太空旅行的人類是
尤里・加加林。
1961年，他繞行地球……
而且再次安全落地。

1965年，阿列克謝・列昂諾夫
第一次嘗試**太空漫步**。

如果沒有身上的太空衣提供保護，
他絕對無法挺過太空中的放射線
和極端氣溫而存活下來。

太空飛行是**很危險的**。
月球上有一座「隕落的太空人」紀念碑，
紀念在太空中過世的人。

不過，別擔心，阿列克謝回來了。

阿列克謝・列昂諾夫
1965 年

1969年，第一次有人類
長征到月球，
而且在月球表面漫步。

他們也安全回來了！

第一次有人類在月球上漫步
1969 年

過去有許多送動物上太空的任務，尤其是1940和1950年代。
但存活下來的動物並不多。

第一隻進入太空的哺乳類
是一隻猴子，
名叫阿爾伯特二世，
牠比尤里・加加林早了
12 年到達那裡。

（願阿爾伯特安息。）

阿爾伯特二世
待在可怕的
太空裝置裡。

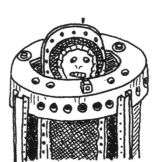

想想看，宇宙究竟是多麼

巨大

才讓你覺得自己
真的很渺小。

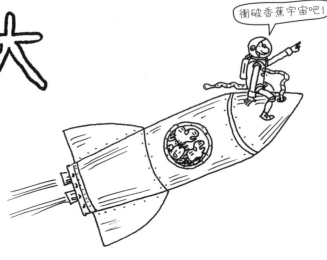

你所在的
整個星系

不過，你知道嗎？現在你可以在太空中生活喔。
太空人能夠在**國際太空站**生活和工作，
已經大約有20年了。

太空站每天繞行地球15.5次。

雙胞胎太空船「航海家一號」和「航海家二號」
從1977年開始航行，
從地球飛向遙遠的太空深處。

在過去的那段時間，
它們已飛越太陽系的邊緣，
到達**太陽圈**之外，進入星際空間。
太陽圈是指太陽風所擴及的範圍。

航海家太空船看起來
有點像這樣。

最靠近我們的恆星系統是半人馬座α，
又稱「南門二」，
那裡有三顆恆星。
但是我們不可能隨時一下子就造訪那裡，
它位於41兆公里外的地方。

航海家一號和航海家二號都是無人太空船，
但是太空船上的感測器仍可把資料傳回地球。

航海家一號曾經從外太空
朝向太陽系各大行星拍了
第一張全家福照片。

甜蜜的家園

那真是

太厲害了！

2

你的行星地球

太陽系的第三個行星，是我們

甜蜜的家園！

它是太陽系中唯一一個，可能也是宇宙中唯一一個，
我們能夠生存的地方。

澳洲

南極洲

亞洲

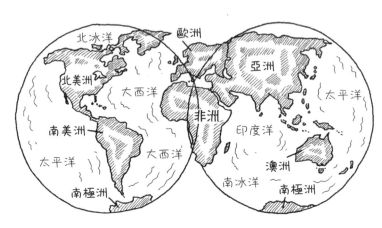

非洲

歐洲

北美洲

南美洲

人們生活在許多大陸和島嶼上。
地理版圖上所謂的洲，可能是一個大型島嶼，
周遭環繞著水域，如澳洲；
或者兩塊大陸之間經由狹小的陸地（地峽）連接，如
北美洲和南美洲；
或者兩個洲彼此完全相連，位於同一塊大陸上，
如歐洲和亞洲。

世界地圖並不是一直看起來都像這樣。

從大約3億3500萬年前
到大約1億7500萬年前，
地球上只有一個很大的大陸，
稱為盤古大陸。

世界的
其他部分

以後是
非洲

以後是
印度

以後是
南美洲

以後是南極洲　以後是澳洲

盤古大陸

有很多大陸板塊連接起來，
之後又再分離，
那並不是第一次，
也不會是最後一次。

生命在地球的水域中逐步演化出來，利用太陽光的能量，並且呼吸空氣。我們已知的所有生命，絕大多數都是由碳、氫、氮、氧等原子所組成。生命實在很奇妙，不過，沒有生命的事物也同樣有趣又複雜。

地球的成分由什麼組成？

內核：實心的球體，包含了鐵和鎳。溫度將近6000℃。真是**超熱的**！

外核：一層非常熱的熔融鐵和鎳。深度大約3000公里……你不妨挖一個**超級大洞**，去那邊烤一點棉花糖吧。

下部地函：一層高熱的岩石，有時候是液態。還是要挖掘一下才能到達那裡。

地殼：薄薄的一層，厚度約5～75公里。這是我們走路、生活、玩耍和蓋房子的地面。

上部地函：實心的岩石，溫度比下部地函稍微低一點。兩個地函的厚度加起來大約3000公里。

不要一路嚼草嚼到地球的核心去啦，小馬。我們會爆炸！！

嚼嚼！嚼嚼！

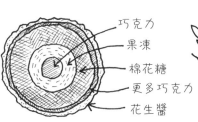

地球應該由什麼東西組成呢？

巧克力
果凍
棉花糖
更多巧克力
花生醬

萬事通小寶盒

地球有多重呢？**重量**其實是你由多少物質組成（稱為你的**質量**）乘以地球的重力加速度。你的質量永遠都是一樣的，但是你在月球上的重量比較**輕**，因為月球的引力比較弱。我們沒辦法突然把地球搬到一個超巨大的磅秤上面，但如果可以，那麼秤出的地球重量大約是：

5,900,000,000,000,000,000,000,000公斤。

自然現象
還是天然災害？

地球表面就像是個
超級巨大的拼圖玩具。

這一片片的拼圖稱為
構造板塊，板塊能夠
分裂和移動。板塊之
間的裂縫稱為**斷層**。

最有名的斷層是
「環太平洋火山帶」。
地球的活火山有超過75％
都位於環太平洋火山帶，
這個區域總共有452座火山。

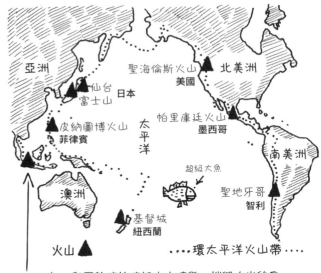

亞洲

聖海倫斯火山

北美洲

美國

仙台
富士山

日本

皮納圖博火山

菲律賓

太平洋

帕里庫廷火山

墨西哥

南美洲

超級大魚

澳洲

聖地牙哥

智利

基督城

紐西蘭

火山 ▲

····環太平洋火山帶····

1883年，印尼的喀拉喀托火山噴發，摧毀大半的島嶼。遠從澳洲，你就可以聽到火山爆發的聲響。那是歷史上最嚴重的火山爆發事件之一。

板塊移動時，斷層帶上會發生**地震**，也會造成**火山噴發**，
此時地面劇烈搖動，而且會裂開。
如果是發生在水底，也會掀起巨大的海浪，一旦湧到岸邊，
會造成嚴重的破壞和洪水，那就是**海嘯**！

地震能夠摧毀整個城市、破壞道路，
和造成許多事故。

引發地震的原因，有時是
因為熔岩企圖衝破地球表面，
有時則是因為板塊移動的關係。

住在不斷變動的行星上具有危險性。不過，有些重大事件——雖然我們認為是災害，卻也創造出我們周遭的世界。就像火山和地震非常駭人，但它們促成了地球上美麗的山脈、丘陵和谷地。

有時候，岩漿大量湧升，會把地面推高形成一座山，但是沒有噴發出來。

岩漿湧升，造成一座**穹形山**。

岩漿

夏威夷群島，其實正是海底一座巨大山脈的山峰，因為海底火山噴發出滾燙的岩石，逐漸堆積形成了島嶼。這些火山至今仍會噴發。

熔岩有時候流動的速度很慢，有時候會向上**爆發**，同時噴出大量的氣體和火山灰。

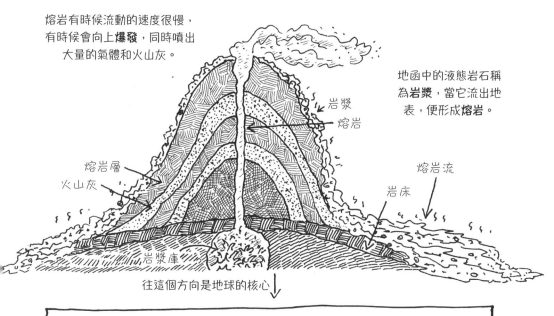

地函中的液態岩石稱為**岩漿**，當它流出地表，便形成**熔岩**。

岩漿
熔岩

熔岩層
火山灰

岩床

熔岩流

岩漿庫

往這個方向是地球的核心

萬事通小寶盒

在所有的天然災害中，地震造成的死傷**最為慘重**。近代最嚴重的一次是2004年的印度洋地震和海嘯，造成14個國家中共28萬人死亡，並且在印尼掀起的海浪高達30公尺，相當於八層樓高。

搖滾石頭！

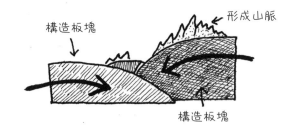

構造板塊

形成山脈

構造板塊

壓縮力

褶曲山脈

地球上的巨大山脈，
大多數都是由於地殼板塊彼此碰撞，
把地面推高而產生。

就像印度以慢動作撞擊亞洲，
產生了喜馬拉雅山（整個過程花了數百萬年）。
這種過程產生的是**褶曲山脈**，
例如聖母峰。

斷塊山脈

當斷層帶拉開，把巨大的
石柱往上推高或往下壓低
也會產生山脈。這種過程
產生的是**斷塊山脈**。

這只是侵蝕
作用啦，
小馬。

山很**高峻宏偉**，但即使是最高大的山，
上頭的岩石也會逐步崩解、碎裂成細小的沙粒，因為受到**侵蝕作用**。

萬事通小寶盒

有時候，巨大的冰河沖蝕周圍的陸地，會形成山峰；或地面受到
河川的沖刷，會成為谷地。水的力量是非常強大的。岩石受到水、
風、冰或山崩的作用而崩解成細小碎片時，這種過程就稱為**侵蝕**。

岩石和沙子都是由**礦物質**分子所組成。一旦施加壓力，把沙子推擠在一起，它們會變回岩石，稱為**砂岩**。

小鳥！幫我把這隻鸚嘴魚抓走啦！

有些沙子**並不是**因為岩石受侵蝕而產生的。像細緻的白沙灘就是來自鸚嘴魚的便便！鸚嘴魚會攝食岩石和珊瑚礁上的藻類，然後排出無法消化的部分。

沙子有各式各樣的顏色，白色、黑色、綠色或粉紅色等都有。黑色的沙子是來自火山岩的碎片（火山岩是冷卻的熔岩）。

沙子不只是在海灘附近形成。
河流也會帶著沙子流向大海，
而且海洋的侵蝕作用更厲害。
水可以溶解**石灰岩**，或在冰上穿出洞，
這些情況甚至能夠形成洞穴。

關於洞穴你該知道的事

大型洞穴裡面會形成雲霧，產生「地面下的」天氣現象。

巨大的「滲穴」可讓光線照進去，因此地面下也有森林生長。

鐘乳石從洞穴的天花板往下長出來，這是因為每次滴水的時候，礦物質殘留在天花板而漸漸形成。

石筍是因為含有礦物質的水滴到地上，礦物質漸漸堆積所形成。

世界上最大的洞穴是位於越南的「韓松洞」。

韓松洞實在**好大**，你可以在裡面塞進一大堆40層樓高的摩天大樓。

令人驚嘆的高山

從地球海平面起算最高的位置，是喜馬拉雅山脈的聖母峰山頂。在海拔8848公尺的山頂上，只有岩石和冰，空氣太過稀薄而難以呼吸，所有生物都無法在那裡長期生存。

但是，測量海平面以上的高度，只不過是你看得到的部分而已。
夏威夷的毛納基火山，從山腳到山頂的距離有10210公尺，雖然這座火山從一半的高度以下都是泡在太平洋裡。所以嚴格說來，是這座山贏得「最高峰」的大獎。

山羊

山的頂點稱為山頂。

那是雪怪嗎？

一排連綿的山，稱為山脈。

想要在高山上生活，你需要採食生長在岩石地面的那些矮小植物，還要喜歡寒冷的天氣，而且很擅長攀爬滑溜的岩石。山羊就住在高山上，而猴子**無法**。

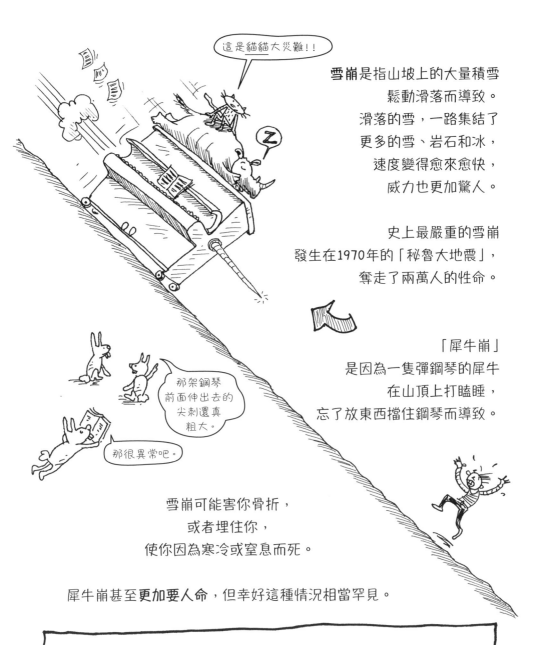

雪崩是指山坡上的大量積雪
鬆動滑落而導致。
滑落的雪，一路集結了
更多的雪、岩石和冰，
速度變得愈來愈快，
威力也更加驚人。

史上最嚴重的雪崩
發生在1970年的「秘魯大地震」，
奪走了兩萬人的性命。

「犀牛崩」
是因為一隻彈鋼琴的犀牛
在山頂上打瞌睡，
忘了放東西擋住鋼琴而導致。

雪崩可能害你骨折，
或者埋住你，
使你因為寒冷或窒息而死。

犀牛崩甚至**更加要人命**，但幸好這種情況相當罕見。

萬事通小寶盒

地球不是完美的圓形，而是中央稍微胖一點，南極和北極之間的距離稍
短一點。胖胖的部分就是**赤道**。地球的寬度和高度的差異，比起最高峰
的高度或最深海溝的深度，還大了兩倍多。如果你用地球的中心為基準
去測量最高的山峰，那麼厄瓜多的欽博拉索火山就會打敗聖母峰，因為
欽博拉索火山剛好位於地球胖胖的地方。但是，那就好像是你站在一塊
石頭上面，測量整體的高度。

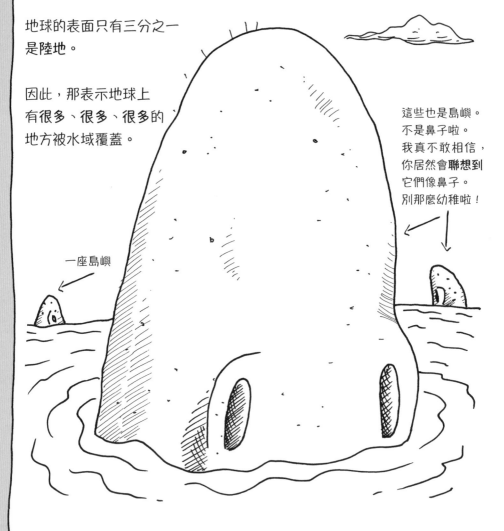

奇妙的水

地球的表面只有三分之一是陸地。

因此，那表示地球上有很多、很多、很多的地方被水域覆蓋。

這些也是島嶼。
不是鼻子啦。
我真不敢相信，
你居然會**聯想到**
它們像鼻子。
別那麼幼稚啦！

一座島嶼

以前地球還是滾燙的小嬰兒行星時，
連一點液態水也沒有。但等到溫度都
冷卻下來，便開始下起雨來……
下了又下……
下了又下……

到最後，低窪處裝滿了水，
變成海洋。

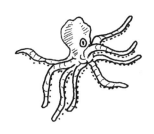

海洋的水原本是淡水，因為河流把陸地
的鹽分沖刷下來帶進海裡，才變鹹的。
在多雨的地方，海水仍然沒有很鹹；
而在世界上一些乾燥的地區，
很多湖泊裡的水甚至比海水更鹹。

太平洋的馬里亞納海溝非常深，它的深度大於聖母峰的高度。在深度超過
1000公尺的海水中，四周一片漆黑，水也近乎冰凍。不過，有些生物
已經演化成可以在這種地方存活下來，例如有種頭部透明的魚類，
還有一種嘴巴上方掛著一盞發亮燈泡的魚。

萬事通小寶盒

海洋裡面有滿滿的動物，牠們演化成身體可以處理鹽分；可是**我們人
類**的身體，需要攝取大量的水才能排除多餘鹽分，因此喝海水會要人
命。人體生存所需的水分大約佔體重的60％，所以我們禁不起失去太
多水分；有些陸地動物體內的水分大約佔體重的90％，
幾乎與植物一樣多。

河流、湖泊
和地下水

當你踩到水面，液態的水分子會分開，
讓你沉下去。

鴨嘴獸

魚

螯蝦

蛙

蝌蚪

龜

鰻

水黽

但是，即使是巨大的船隻，只要船的重量沒有比相同
體積的水更重，船也能夠漂浮起來。潛水艇若要往上
浮，只要讓水櫃灌滿空氣來增加浮力；如果水櫃裝滿
水，則潛水艇會變得比較重而往下沉。

河流就像一條又大又長的水道，水順流而下。
尼羅河（6500公里）和亞馬遜河（6400公里）
是世界上最長的兩條河流；
澳洲的墨累河（2500公里）也相當長。
世界上冰凍的水有90％都在南極洲。
冰河是指流動很緩慢的冰塊之河。

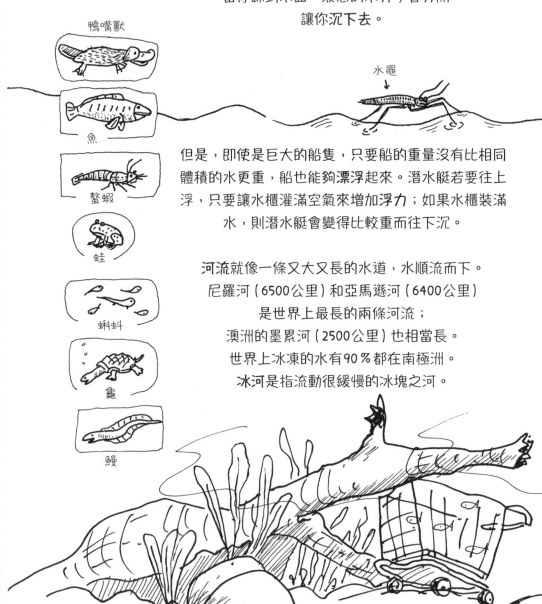

我們很幸運！地球有大量的好水。那麼，為什麼每個人都擔心乾旱的問題呢？因為地球上只有大約2.5%的水是淡水，其他是鹹水。而且這些淡水有很大部分都是地下水或固態的冰，所以我們仰賴雨水、雪和露水維生。

液體有一種性質稱為**表面張力**，所以水黽和一些昆蟲與蜘蛛可以在水面上行走，不會踩穿水面。

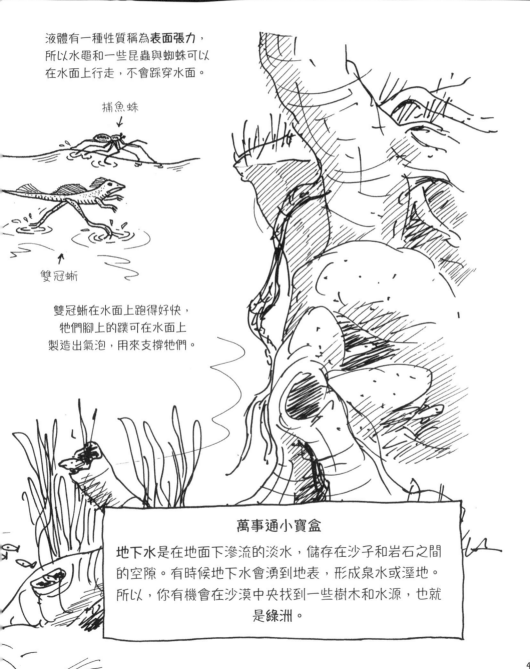

捕魚蛛

雙冠蜥

雙冠蜥在水面上跑得好快，牠們腳上的蹼可在水面上製造出氣泡，用來支撐牠們。

萬事通小寶盒

地下水是在地面下滲流的淡水，儲存在沙子和岩石之間的空隙。有時候地下水會湧到地表，形成泉水或溼地。所以，你有機會在沙漠中央找到一些樹木和水源，也就是綠洲。

水和月球

月球上連一滴水都沒有，而且月球距離地球大約38萬公里遠。
那麼，月球與地球上的水有什麼關係呢？

你或許注意到，如果在不同的時間去海邊，
水平面有時候達到沙灘較上方，
有時候則在沙灘的較下方。
這就是**滿潮**或**乾潮**。

地球有引力，因此讓所有的水
（以及其他的每一樣東西）
不會飄進太空。

我是月球，
我有引力！

但是月球也有引力喔。

月球的引力一直在拉扯
地球和地球上的水。

於是造成潮汐現象。

並沒有證據顯示滿月會影響
動物的行為，不過反正很多人
都相信這件事啦。

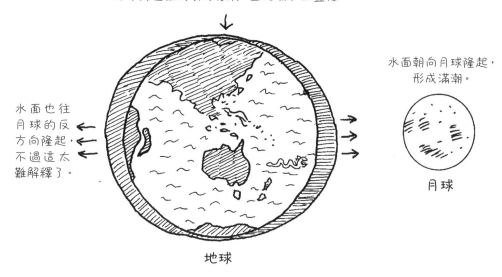

月球對這裡的引力很弱，因此潮水位置低。

水面朝向月球隆起，形成滿潮。

水面也往月球的反方向隆起，不過這太難解釋了。

地球

月球

月相看起來是滿月時，
表示地球運行到太陽和月球之間。

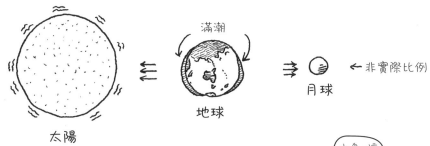

太陽

滿潮

地球

月球

← 非實際比例

太陽和月球的引力一起發揮作用，
拉動地球上的水。

於是你會看到非常高的滿潮。

小馬，這感覺很像滿潮耶。

小鳥，這裡是乾潮喔。

萬事通小寶盒

同樣的潮汐引力也作用在你手上的那杯果汁，只是你不會注意
到。湖泊和河流的水域通常不夠大，不足以產生你肉眼看得到的
潮汐；而水量愈大，變化就會愈明顯。

各種「力」的
力量

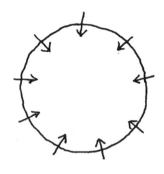

> 嘿,小鳥,你看我,
> 我在飄耶。
> 這就是引力!!

地球的引力把
所有東西拉向
地球的中心。

有個人叫做艾薩克·牛頓,
據知是有某種東西從大樹掉下來
砸中他的頭,讓他想出了**引力理論**。
幸好那東西是一顆蘋果,不是一匹馬。

不過,他本來就是優秀的科學家,
所以可能早就已經有些想法。
他的書在1687年出版,激底改變了科學。

如果你放開一匹
馬,地球的引力會
讓馬兒往下墜落。

在距離地球很遠的
太空之中,因為沒
有引力,馬兒會
飄浮起來。

引力存在於宇宙的每一種東西之間。

> 這是我想出來
> 的,可是牛頓
> 把所有功勞都
> 搶走了。

引力讓地球上的東西有重量,
並且讓東西往下掉。

像行星這樣巨大的物體,
它的引力非常強,而小型物體的引力就弱很多。
不過,較重的東西和較輕的東西一起掉落時,
引力並不會讓較重的東西掉得比較快喔。

在地球上，並非只有引力在發揮作用。

如果你在空中同時放開一把槌子和一根羽毛，
哪一種東西會先落地？

在地球上，槌子會
先落地。因為在物
體掉落的過程中，
空氣分子也會
參與其中。

槌子的質量比較
大，因此更能撞開
空氣分子。

在太空，因為沒有空氣，所以兩種物體的掉落速度是一樣的。
「阿波羅十五號」的太空人進行月球漫步時做過這個試驗，也拍成影片。
你可以上網搜尋影片來觀看。

任何東西之所以移動或減慢或停止，
都是因為**摩擦力**的關係。

兩個表面彼此緊貼摩擦時，會產生摩擦力。

兩個表面彼此摩擦，
甚至可以生火。
這也是兩根樹枝彼此摩擦
會產生火花的原因。

光滑的接觸面產生的摩擦力比較小，
粗糙的接觸面產生的摩擦力比較大。

空氣阻力當中也包含了摩擦力，
它讓羽毛的掉落速度比槌子慢得多。
這也稱為**曳力**。

人們還仰賴了另一種力，**磁力**。
每一塊磁鐵都有南極和北極之分。

南極和南極彼此互斥。

北極和北極彼此互斥。

北極和南極彼此相吸。

磁力和電力彼此密切相關，
兩者都是因為電子的移動而造成。
還記得電子嗎？就是環繞原子運行的粒子。

磁鐵可以吸住某些金屬，
而我們用的磁鐵就是金屬**製成的**。

但世界上最大的磁鐵其實是地球本身，
沒錯！地球是一個**超巨大磁鐵**，
所以地球有北極，還有南極。

呀一呵！

令人吃驚！

地球**並不是**非常**強力**的磁鐵。

不過，地球的磁場能夠保護我們不受**太陽風**的影響，
太陽風是從太陽吹來的粒子，會毀壞我們的大氣層。

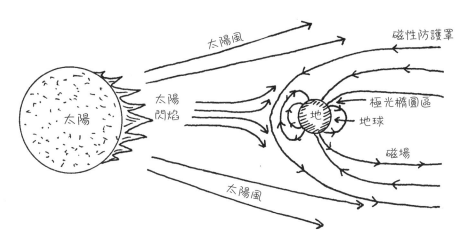

太陽風

磁性防護罩

太陽
閃焰

太陽

地

地球

極光橢圓區

磁場

太陽風

太陽風碰撞南極和北極，在天空中產生令人驚豔、色彩繽紛的光芒。
而「太陽風暴」甚至會造成科技裝置失靈和大規模停電。

聽起來好像科幻小說的情節，
不過這是**真實的科學現象**喔。

地球的**大氣層**保存著空氣，
以免太陽輻射把我們烤焦，也防止流星撞擊我們。
多虧有引力，空氣才不會飄散到外太空，
而且地球的磁場也保護了大氣層的安全。
我們所呼吸的空氣中，主要成分是78％的氮和20％的氧，
人體需要的部分正是氧氣，來維持我們生存。

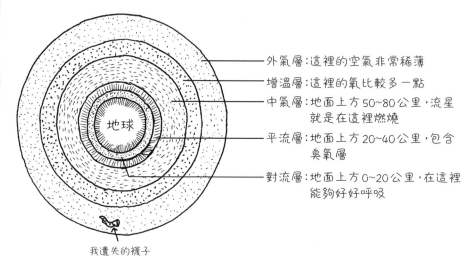

外氣層：這裡的空氣非常稀薄
增溫層：這裡的氧比較多一點
中氣層：地面上方 50~80公里，流星
　　　　就是在這裡燃燒
平流層：地面上方 20~40公里，包含
　　　　臭氧層
對流層：地面上方 0~20公里，在這裡
　　　　能夠好好呼吸

我遺失的襪子

大氣層內的許多小分子，會造成光線搖晃，
所以星星看起來一閃一閃的，
這也會讓太陽光散射成各種顏色。

太陽光裡包含了人眼可見的所有顏色，
這些彩色光裡面，藍色最容易被空氣分子散射到四周。

正因如此，白天的天空看起來通常是藍色的。

但是當太陽的位置在地平線附近時，
因為光線要穿越比較厚的大氣層才能到達你的眼睛，
等到光線傳過來，所有的藍光早都已經散射掉了。
所以你便有機會看到漂亮的紅光、黃光、橘光和粉紅色光，
這就是晚霞和晨曦。

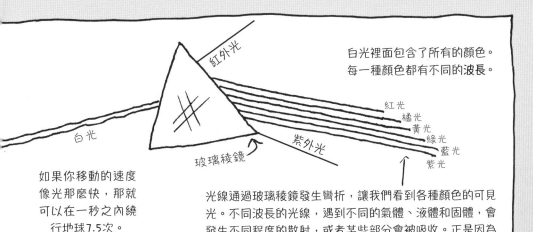

白光裡面包含了所有的顏色。
每一種顏色都有不同的波長。

紅外光

白光

玻璃稜鏡

紫外光

紅光
橘光
黃光
綠光
藍光
紫光

如果你移動的速度
像光那麼快,那就
可以在一秒之內繞
行地球7.5次。

光線通過玻璃稜鏡發生彎折,讓我們看到各種顏色的可見
光。不同波長的光線,遇到不同的氣體、液體和固體,會
發生不同程度的散射,或者某些部分會被吸收。正是因為
這樣,我們才會看到東西具有不同的顏色。

陽光穿透空氣中的水滴時,
我們會看到如同**彩虹**般的各種顏色光。
不過,人眼能夠看到的顏色光
其實只佔**電磁波光譜**的一小部分而已。

在光譜的紅光那端,更往前還有比紅光更長的波長,
是我們看不到的,稱為**紅外光**輻射。
陽光裡面包含了紅外光,所以讓人
覺得溫暖。

而光譜的紫色那端,
更往後則是我們看不見的**紫外光 (UV)**。
陽光中的紫外光會**晒傷**你的皮膚。

鏡子

紙

手臂

鉛筆

這就是反射

萬事通小寶盒

你之所以能看見這本書,是因為光線照射到書本,再反彈回你的
眼睛裡。**影子**是光線受到遮擋的區域,所以你的影子會跟你的身
形有相同的形狀。**反射**是指光線照到光亮的表面(像是鏡子或水
面)後反彈回去,所產生的現象。

49

空氣汙染

抱歉！

危險！
屁的笑話

一旦有害的氣體灌注到我們呼吸的空氣中，
將損害我們的健康。
而有些汙染還會危害整個地球。

哎喲！

某一些氣體稱為**溫室氣體**，
會捕捉陽光的熱量，蓄積在大氣層內。
這樣會讓氣溫變高，
並且引起**氣候變遷**。

氣候變遷會讓某些地區
變得不適合動物和植物生活。
氣候變遷也造成冰河融化，
以及海平面上升。
這表示會有更嚴重的乾旱、
暴風雨、野火和洪水。

二氧化碳就是一種溫室氣體。

有很多來源都會製造出二氧化碳。
但是，燃燒所謂的**化石燃料**，
會產生很**大量的**二氧化碳。
森林能把二氧化碳轉變成氧氣，
但人類又一直砍伐森林。

小鳥，那不是
二氧化碳喔。

那這件事跟放屁有什麼關係呢？
人類飼養**大量的**牛隻，
而牛隻會放屁和打嗝，製造出**大量的**氣體，
這是另一種影響重大的溫室氣體。

梅寶，這個屁超棒！

甲烷！就是常說到無聲的殺手……

我們使用燃料的過程，發生了**燃燒**這種化學反應。

一個東西不會突然就爆出火焰，
而是必須持續加熱，
直到產生某種氣體。

這種氣體與空氣中的氧發生反應，
把化學能轉換成熱能和光能。

咳咳！

你不介意吧？

煙的成分是燃燒過程
中新產生的化學分
子，還有加上燃料的
殘餘物，例如灰燼和
水蒸氣。

想要阻止燃燒，你
可以移除燃料、氧
氣或熱源。

大湯鍋

火

木柴

不同的燃料會釋放出
不同的氣體，也具有
不同顏色的火焰，
不同顏色表示
溫度各不相同。

燃燒油料時，
你不能拿水澆在火焰上喔，
因為火焰的熱度比水的沸點更高。
熱度會讓水變成水蒸氣，帶出沸騰的油滴四處飛濺。

萬事通小寶盒

臭氧由三個氧原子所組成。臭氧層可以阻擋陽光中危險的紫外光 B
(UVB) 輻射，保護我們不受傷害。1970 年代，科學家發現人類製造的
某些化學物質會破壞臭氧層。好消息是世界各國的人把這件事聽進去
了，禁用那些化學物質，因此臭氧層正在慢慢恢復。

植物在白天進行光合作用。

它們利用太陽能，
把水和二氧化碳轉變成
另一種不同的能量。
植物接著再運用這種能量來生長發育。

植物釋放氧氣，
回到空氣中。

植物從根部吸收水
分，並透過葉子從空
氣中吸收二氧化碳。

二氧化碳＋水＋太陽能＝
葡萄糖＋氧氣
〔能量〕

不只有陸地上的樹木
和其他植物會進行光合作用。
海洋裡也住著數百萬種微小的植物，
它們製造出極大量很棒的氧氣。

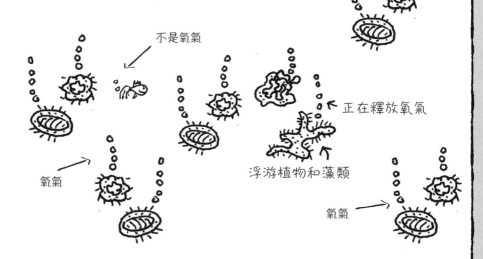

不是氧氣

正在釋放氧氣

浮游植物和藻類

氧氣

氧氣

碳循環

生命要呼吸。
即使是植物也會在晚上透過微小的氣孔吸收氧氣。
生物需要氧氣來產生能量，
這個過程稱為**呼吸作用**。

動物和植物利用氧氣
在體內製造能量，
同時也產生二氧化碳。

動物會呼出二氧化碳。

就連<u>我</u>也是像那樣呼吸。
我們是同一國的！

生物死後被分解的時候，
或者在燃燒東西的時候，
同樣也用到氧氣，並產生二氧化碳，
這就是**碳循環**。

萬事通小寶盒

魚類也要呼吸氧氣。水從魚的嘴巴流入體內，這時魚鰓上的許多微血管，能獲取水中的氧氣（水是由兩個氫原子和一個氧原子所組成）。有些魚類可以呼吸空氣，像是彈塗魚，因此牠離開水也能存活。蛙類在蝌蚪時期也有鰓，等到長大變成蛙時，則使用肺部呼吸。

水分子看起來像這樣。

不過,一顆小小的純淨水滴,
其實是由**無數個**水分子所組成。

而那些水分子一直以不同的**狀態**
在地球各處跑來跑去。

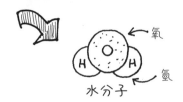

氧

H H

氫

水分子

來看看水循環怎麼運作

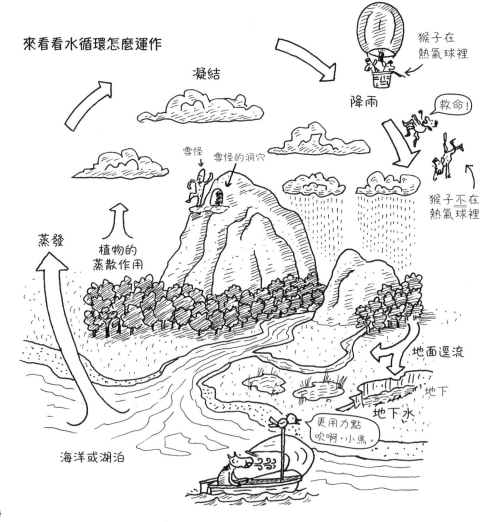

凝結

猴子在
熱氣球裡

降雨

救命!

猴子<u>不在</u>
熱氣球裡

雪怪 雪怪的洞穴

蒸發

植物的
蒸散作用

地面逕流

地下

地下水

更用力點
吹啊,小馬。

海洋或湖泊

水非常特別。地球上的水，很容易轉變成液態、固態和氣態。所有的分子也可以像這樣改變狀態，但通常需要很高的溫度或壓力才能改變，而人類無法在很高溫或高壓下生存。

什麼是雲？
我們周圍的
空氣包含了
少量的**水蒸氣**。

卷雲
巨大高聳，受到風吹襲的雲

卷積雲
較小的塊狀雲排成一列

一旦水蒸氣
冷卻下來，
形成水滴和微小的
冰晶，那麼你就會
開始看到雲了。

積雲
像大山一樣的塊狀雲

層積雲
長條狀的小型塊狀雲

層雲
又薄又低，呈現塊狀但纖細的雲

所以，你今天喝的水分子，
與恐龍喝過的水分子
一模一樣喔。

泰瑞翼手龍★

噁!這裡的水有翼手龍的味道!

萬事通小寶盒

要改變水的狀態，需要加入熱能或帶走熱能。你幫冰凍的水加熱時，水分子的運動會變快，無法好好抓住彼此；等到你把水煮沸，水分子就完全無法抓住彼此了！一旦你把熱帶走，分子的運動會變慢，再度緊抓彼此，形成冰。

★譯註：Terry Dactyl，出自1970年代的英國樂團「Terry Dactyl and the Dinosaurs」。翼手龍的英文為 Pterodactyl。

龍捲風和氣旋（也稱為颶風和颱風）都屬於「風暴」這種天氣型態，它們會用驚人的速度持續不斷的旋轉。
龍捲風是在陸地的暴風雨當中形成，
但氣旋就非常**巨大**了，會在溫暖地區的海域上方形成。

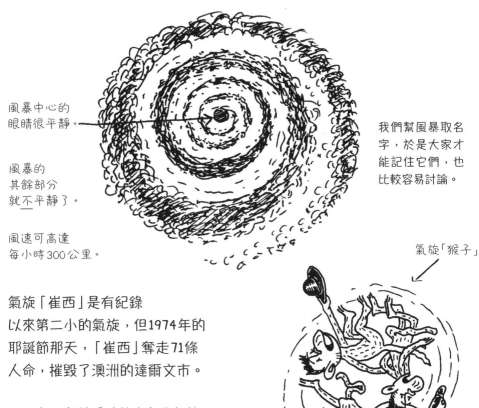

風暴中心的眼睛很平靜。

風暴的其餘部分就不平靜了。

風速可高達每小時300公里。

我們幫風暴取名字，於是大家才能記住它們，也比較容易討論。

氣旋「猴子」

氣旋「崔西」是有紀錄以來第二小的氣旋，但1974年的耶誕節那天，「崔西」奪走71條人命，摧毀了澳洲的達爾文市。

1970年，氣旋「波拉」在孟加拉奪走了大約50萬人的性命。那是史上造成最重大傷亡的天然災害之一。氣旋引發的**海嘯**可高達10公尺，甚至可以消滅整個島嶼。而大洪水也會造成嚴重破壞、山崩和疾病。

我們，真感謝降下一點小雨、吹拂涼涼微風……但是冰雹、強風和豪雨，就表示會帶來破壞和淹水。降雨不夠則代表乾旱和失控的林地野火。

林地野火是失控的火災。
如果大火燒掉一座山，火勢甚至會傳遞得**更快**。
閃電能夠釀成林地野火，
然而，林地野火還能自己**造成**閃電。

風勢的變化會改變林地野火的走向。
而一道強風往往會把更多氧氣
灌進火裡，讓火勢變得更強。

雲

雷雨

風會把灰燼和餘火往前方吹送過去，點燃新的火勢。

雲煙流

煙雲

下爆氣流

閃電

哎喲！

林地野火

風讓火焰沿著地面向前推進。燃料愈乾燥就燃燒得愈快。

萬事通小寶盒

大規模的林地野火產生了超炎熱、超乾燥的空氣，會在上方形成雲團，
稱為**火積雲**。有時候火積雲會造成降雨（這是好消息），但雨通常不是
下在火勢蔓延之處；火積雲更常引發的是強風、旱雷，
以及火龍捲（**很不好的消息**）。

電能無所不在

天空中的電是閃電，
而我們體內的電可提供動力。

還記得原子怎麼組成
現存的**每一種東西**嗎？

電子在不同原子之間流動而產生**電**。
只要同時摩擦兩個東西，
很容易就能轉移電子。

不過，原子比較喜歡擁有相同
數量的電子和質子。

如果有個東西的電子數量多過質子，
一旦接觸到其他東西，
電子就會跑掉，而且伴隨著火花和**劈啪聲**。

電子並不重，
而且帶有一個
負電荷。

電子

原子核

原子核包含了帶正
電荷的質子（質子
就很重喔）和電中
性的中子。

劈啪！

猴子1號讓屁股摩擦地毯，
產生一個負電荷。

猴子1號碰觸猴子2號，
電他一下！

在這時
猴子3號
趕緊逃走。

如果你讓**鞋子**（不是你的屁股喔，拜託）在地
毯上滑動，就可以移動一些電子，產生微小的
電荷，來「**劈啪**」電你的朋友。

那就是**靜電**。

女超人

風暴雲的頂端帶著正電荷

閃電應該要
擊中這裡

或這裡

風暴雲的底部帶著負電荷

泰瑞教授開車逃離風暴

請注意，閃電擊中車子而非房子，因為，泰瑞教授很煩……超煩的。

閃電是一種靜電。
當雷雨雲裡面大量的灰塵和冰晶彼此摩擦，
就會累積很多電子。
電子一定得要有去路。

那些電子流過空氣，產生巨大的火花，
讓空氣變熱而膨脹。
空氣膨脹時所發出的巨大**爆裂聲**便是**打雷**。

你會先看到閃電，**之後**才聽到雷聲，
這是因為光的傳遞速度比聲音快。

我們的體內會發出許多微小的電訊號，稱為**神經脈衝**。
這可以說明為什麼觸電會要了你的命，
觸電會搞亂你體內的電訊號，或者讓你的心臟停止跳動。

此時此刻，你的腦細胞正送出極微小的電荷，它傳達的意思是：
「別再挖鼻孔了，翻到下一頁！」

天氣隨著**季節**而改變，但不是每個地方的季節都相同，
也不是所有地方的文化都用四季區分。
澳洲有很多原住民族群，把一年分成六個季節。

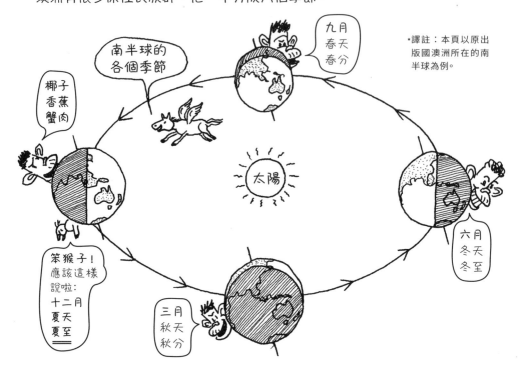

*譯註：本頁以原出版國澳洲所在的南半球為例。

地球還是小嬰兒行星時，曾經遭受撞擊，所以造成一點點傾斜的角度。但是，北極永遠指向同一個方向。

一年當中的每一天，
照進你家的太陽光量
都不太一樣。

每一天日出和日落的時間
也不一樣。

夏天的白天時間比較長，
在冬天則比較短。

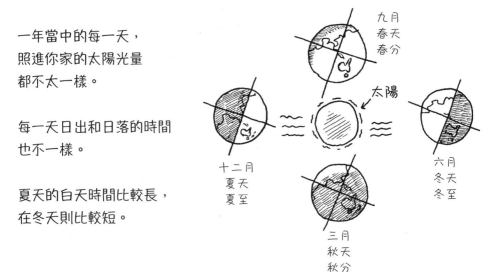

太陽晒屁股啦！

太陽並沒有真的升起或落下，只是由我們看來覺得是這樣。我們覺得自己站著不動，但地球其實繞著自己的軸心**地軸**一直旋轉。地軸線連接南極和北極。

晚上之所以變暗，是因為你所在的地球區域背對著太陽的光和熱。

如果你住在南極或北極，夏天會照到**好幾個月**的陽光，而冬天會有**好幾個月**的黑暗。

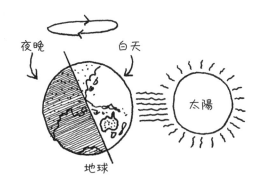

過去好幾萬年來，地球的傾斜和運轉軌道都有一點點改變。
也因此，我們經歷了**冰河期**。
在最後一次的冰河期，地球大約有四分之一的陸地都覆蓋著冰。

當時陸地各大洲的位置與現今的位置是相同的，
但海平面就比現在低很多。
從前的人所居住和行走的陸地，有些如今已在海洋裡面。

那次冰河期大約在1萬2000年前結束，使得海平面上升了大約120公尺，而且很多巨大動物都滅絕了，像是長毛象和劍齒虎。

生物和非生物共存在同一個環境裡，這稱為一個**生態系**。
生物所生活的自然環境稱為**棲地**。

地球上各處的自然環境並不一樣，
不過相似的生態系在世界各地有好幾群，
稱為**生物群系**。

分成陸上的**陸地**生物群系，水中的**水生**生物群系。

森林

苔原

淡水湖泊與河流

海洋—海灣

山

草原

河口

沙漠

生物可以做出一些改變，
來適應自身所處的環境……

而有些動物是
改變環境來配合**自身**。

農田　郊區　城市　公寓　辦公室　捕魚　港口

這場生存遊戲的目標是要活得更久、吃得更好、
避免被吃掉，並生下更多小寶寶。

人類**超級**擅長做這種事。
地球上大約有78億的人口，
但是，最近愈來愈難在野外
找到人類的蹤跡了。

我們的行星（大多時候）照顧著我們。
你認為**我們**（大多時候）
有沒有好好照顧自己的行星呢？

猴子兄弟的野餐

紙張·塑膠·　泡泡包裝紙
紙板·玻璃·苯乙烯

63

3

在你之前的生命

生命必定從某處開始……

地球上最早出現的生命，
跟我們很不一樣喔，
可能更像是**外星生物**。

我們並不知道地球上最早的生命，是如何、
確切在什麼時間、在什麼地點出現，
但很有可能來自於水中。

生命可能是從海底的沸騰火山口附近誕生。

最初，生命只是一顆單細胞，而且非常非常微小。

不過還是很不可思議啊！

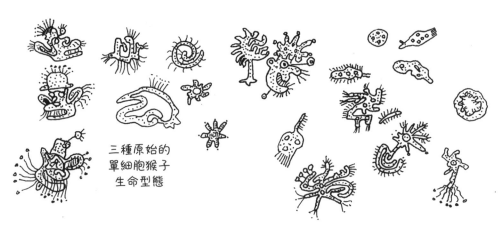

三種原始的
單細胞猴子
生命型態

45億年前，地球是個剛剛誕生的世界，當時非常**炎熱**。有好一陣子，空氣中甚至可能充滿了汽化的岩石，那時的氣候**比炎熱還要更熱**。不過隨著地球逐漸冷卻，海洋形成後，情況就變得很有趣了……

生命最早的證據，
是在約35億年歷史的**化石**中找到的。

說到化石，我們會想到骨頭或貝殼；
或是歷經數百萬年後已經石化的木頭；
或者會想到動植物身體被保存下來的一小部分；
或是硬化的泥巴或黏土上面的印痕。
但這些東西存在的時間，都不超過35億年。

目前發現地球上年代最早的化石位於澳洲。
這些岩石裡曾經含有細菌，稱為**層疊石**。

層疊石看起來
一點也不如
這些東西有趣。

層疊石可以像植物一樣進行光合作用。
現今它們非常稀少，不過以前曾經**到處都有**，而且它們**非常**重要……

萬事通小寶盒

我們所說的**生命**，通常指的是細菌、植物和動物。岩石不是活的，不過有像層疊石這樣一種含有生物的構造，它會隨著時間層層堆疊而**看起來像**岩石。科學家對於「生命」的定義還沒有達成全體共識，不過如果某種東西可以繁殖、生長、適應和利用能量，我們通常就認為它是活的，這就表示，它是由一個或多個細胞所組成。這些有生命的東西就稱為**生物**。

在**很長很長**一段時間裡，層疊石透過光合作用製造能量。
它們利用**大量**的二氧化碳，
然後製造出**大量**的氧氣。

它們製造出足夠的氧氣，讓其他生命利用，推動演化。
不過由於空氣中的二氧化碳變少了，
更加讓整個環境冷卻下來。

結果這樣的氣候對層疊石來說過於涼爽，
並且空氣中的二氧化碳含量也不夠用了。
層疊石成長得太過成功，
害得自己差點滅絕。

到了大約8億年前，空氣中氧氣含量的比例已跟現在差不多。

此外，大氣中也已形成臭氧層，
它能夠保護地球，不受到危險太陽輻射的傷害。

於是在大約6億年前，
生命**真的**步上軌道了。
而且還有由多細胞組成的生物！

早期的多細胞動物是海綿、珊瑚、水母和扁蟲。

沒錯，扁蟲！好噁！
還有水母！**果凍好吃！**

非常稀有的吃猴子多細胞動物
(也許是虛構的動物啦！)

吃著正在吃小寶盒的猴子的猴子

萬事通小寶盒

地球上**所有**的生命具有一個最古老的共同祖先。你、我、植物、真菌！細菌！**每一個**生命。科學家把生命演化的歷史時期分成代或紀，幫助我們記住發展過程中的各個重大改變。最古老的時期(也是最長的)稱為**前寒武紀**。

正在吃
小寶盒的猴子

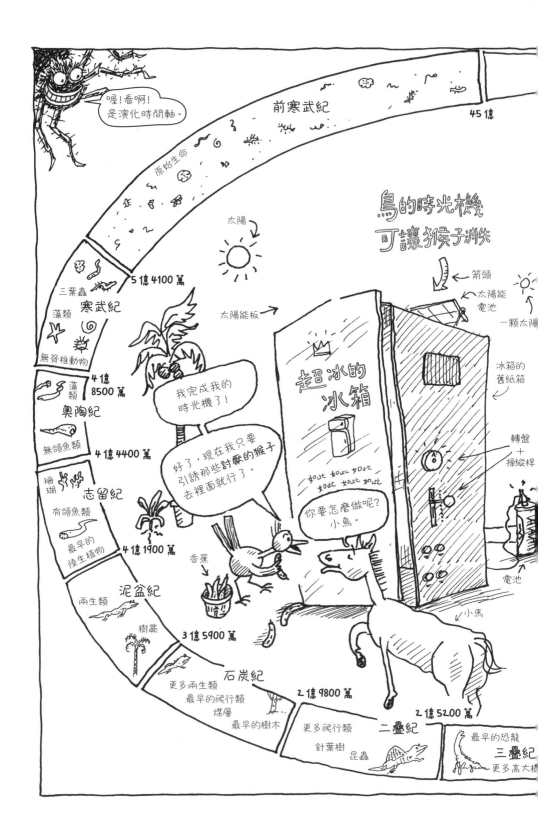

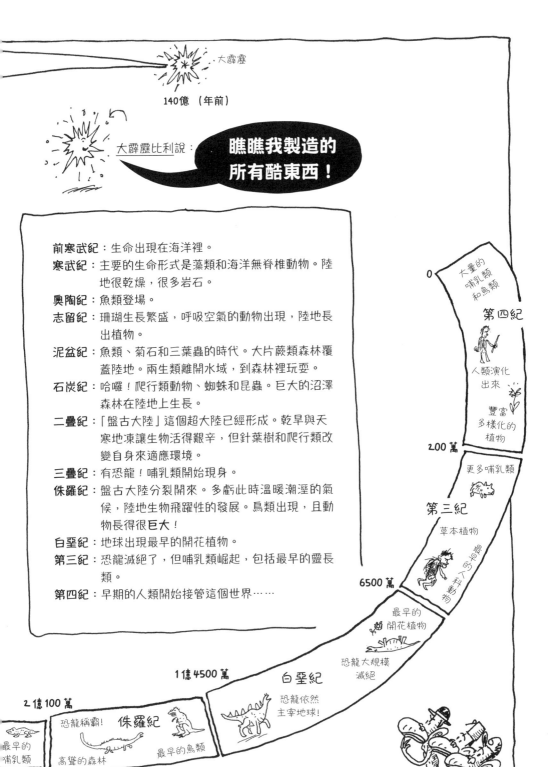

大霹靂

140億 （年前）

大霹靂比利說：

瞧瞧我製造的所有酷東西！

前寒武紀：生命出現在海洋裡。
寒武紀：主要的生命形式是藻類和海洋無脊椎動物。陸地很乾燥，很多岩石。
奧陶紀：魚類登場。
志留紀：珊瑚生長繁盛，呼吸空氣的動物出現，陸地長出植物。
泥盆紀：魚類、菊石和三葉蟲的時代。大片蕨類森林覆蓋陸地。兩生類離開水域，到森林裡玩耍。
石炭紀：哈囉！爬行類動物、蜘蛛和昆蟲。巨大的沼澤森林在陸地上生長。
二疊紀：「盤古大陸」這個超大陸已經形成。乾旱與天寒地凍讓生物活得艱辛，但針葉樹和爬行類改變自身來適應環境。
三疊紀：有恐龍！哺乳類開始現身。
侏羅紀：盤古大陸分裂開來。多虧此時溫暖潮溼的氣候，陸地生物飛躍性的發展。鳥類出現，且動物長得很**巨大**！
白堊紀：地球出現最早的開花植物。
第三紀：恐龍滅絕了，但哺乳類崛起，包括最早的靈長類。
第四紀：早期的人類開始接管這個世界……

0
大量的哺乳類和鳥類
第四紀
人類演化出來
豐富多樣化的植物

200萬
更多哺乳類
第三紀
草本植物
最早的人科動物

6500萬
最早的開花植物
恐龍大規模滅絕

1億4500萬
白堊紀
恐龍依然主宰地球！

2億100萬
最早的哺乳類
恐龍稱霸！
侏羅紀
高聳的森林
最早的鳥類

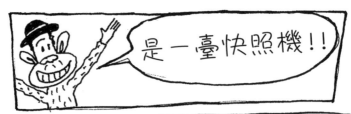

生命樹

恐龍

鳥類

哺乳類
（像是憤怒熊、
兔兔、猴子和
泰瑞·丹頓）

鱷類

蜥蜴和蛇類

陸生龜和水生龜

兩生類（如蛙類）

魚類

鯊魚

節肢動物
蛛形類（如蜘蛛）、
甲殼類（如螃蟹）
和昆蟲類

線蟲動物

蚯蚓

軟體動物
（如蝸牛和烏賊）

脊椎動物

棘皮動物
（如海星）

水母和刺胞動物
（如珊瑚）

海綿

動物

真菌
（如蕈類和黴菌）

植物

細菌

我們的共同祖先
（初步的生物）

我不是很喜歡
這樣啦。

泰瑞‧丹頓教授
與蘑菇是親戚

有個非常聰明的人，名叫查爾斯‧達爾文，
他在1859年出版了《物種原始》這本書。

根據他的研究，生命會**演化**。
演化就像一棵樹，各種不同的生物，非常緩慢的、逐漸的從主幹「分支」
出去。

很多人不願意相信這件事，
而達爾文解釋人類與大猩猩是近親時，那些人簡直**氣炸了**。
不過，我們**不只**與大猩猩有親戚關係，
所有的生命彼此都是遠親。

說我們與蘑菇全都是
從同一個祖先演化而來，
似乎令人難以置信。

不過這是真的喔。

說我跟人類是
親戚，我也不
是很高興啊。

這隻大猩猩
畫得太棒了

我也不是很喜歡
好不好。

萬事通小寶盒

大多數的細菌只有一個細胞，其他生物則不只有一個細胞。蘑菇有數
百萬個細胞，人體更有**好幾兆個**細胞。

植物從藻類演化到開花植物，一路以來花了**非常久**的時間。
碰到氣候變遷時，植物想辦法演化和存活下來。

蕨類在泥盆紀大肆生長，
當時的氣候溫暖而潮溼，
它們長成大片森林，覆蓋陸地，
此時也有兩生類從水中跳出來，生活在森林裡。
如今你依然可以在溼地和熱帶地區找到蕨類。

裸子植物是指沒有花朵的植物，
在天寒地凍的二疊紀，演化出
冷杉之類的針葉樹，
它們是非常堅韌的植物，
目前依然生長在寒冷的地區。

最後出現了**被子植物**，
它們會開出美麗的花朵。

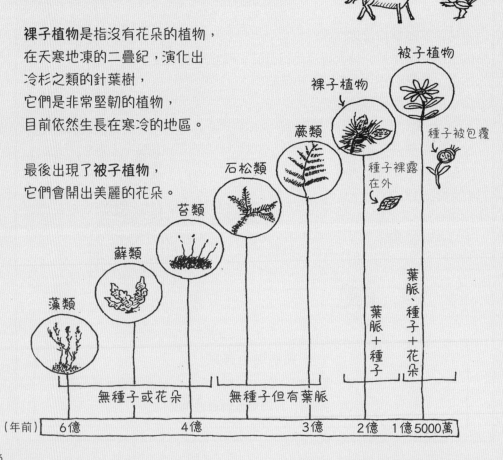

小鳥，你知道嗎，我真的很想念那些猴子。

才沒有！

真的嗎？

被子植物

種子被包覆

裸子植物

蕨類

種子裸露在外

石松類

苔類

蘚類

藻類

葉脈、種子＋花朵

葉脈＋種子

無種子或花朵　　無種子但有葉脈

(年前)　6億　　　4億　　3億　　2億　1億5000萬

演化過程中，並沒有什麼事是突然發生的。很多變化往往化上好幾百萬年的時間、好幾百萬個世代。通常是「有用的改變」才會留存下來。生命從早期的單細胞生物，歷經一個一個微小的改變，才變成如今我們所知道的複雜動植物。

真菌類從生命樹分支出去的時間還滿晚的，
只比動物早一點。
大約是在植物分支出去的900萬年之後。

孢子是微小的細胞，會從菌傘釋放出來，隨風飄散；像我們吃的蘑菇，主要就是吃它的菌傘部分。

真菌無法自行製造食物，
它們必須「吃」和「喝」，
真菌不太像植物，反倒比較像動物。

新生的蘑菇　　子實體　　孢子　　孢子萌發長大

如果地面潮溼又有營養物質，孢子就可生長。

菌絲

來自兩個不同孢子的菌絲，可以交配並結合在一起。

真菌透過它們的菌絲吸收水分和礦物質。

真菌會「吃」動物和植物。活的和死的都吃！
不新鮮的水果上面長的黴菌，就是真菌類。
有些真菌甚至生長在我們的身體上。好噁！

這朵蘑菇是「真趣類」，
真有趣的真菌類！

仙女環
蘑菇群可以圍成直徑10公尺的圓圈。

萬事通小寶盒

蘑菇是一種真菌，讓麵包膨脹起來的酵母菌也是真菌類。還有很多藥品也是從真菌開發出來的。真菌甚至可以幫忙清除海上的漏油！大多數的真菌對人類有害，但另外一些真菌可以做成健康點心。

不只植物和真菌，
演化同樣也改變了動物……

狗陪伴在人們身邊，已經有1萬5000多年了。
以演化的尺度來說並不是很久。

但現在可以看到，不同狗兒的體型和外表有驚人的差異，
從嬌小的吉娃娃，到怪得可愛的鬥牛犬，
以及高大的聖伯納犬，各式各樣。

嬌小

捲毛

高大

長毛

斑點

現今的動物當中，
只有狗有這麼多樣的變化。

這是因為人類刻意挑選出
帶有某些特徵的狗。
當發現某些狗具有特殊的毛色或花樣，
人們就會讓這些狗交配繁衍，
把特徵傳給後代。

樸素

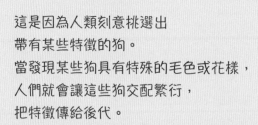

狼人約在150萬年前演化出來，而**所有的**狗都是出自一種狼演化而來，現在牠們已是完全不同的物種了。但不只是「天擇」能讓狗變得大不相同，人類也在其中參一腳。

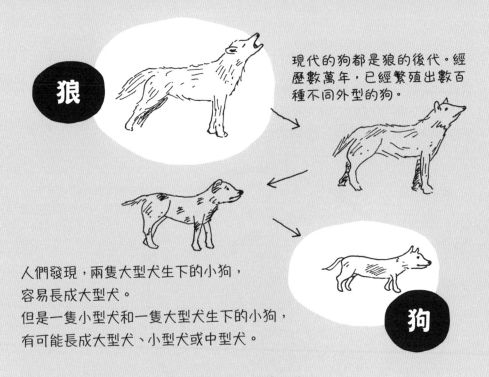

狼

現代的狗都是狼的後代。經歷數萬年，已經繁殖出數百種不同外型的狗。

狗

人們發現，兩隻大型犬生下的小狗，
容易長成大型犬。
但是一隻小型犬和一隻大型犬生下的小狗，
有可能長成大型犬、小型犬或中型犬。

我們人類需要不同類型的狗來執行不同的工作，
像是打獵、牧羊或看門，或者追蹤某種氣味，或者裝可愛。
這些工作都需要不同的技能，
以及不同的體型，還有不同的鼻子和不同的毛皮……

萬事通小寶盒

你的基因決定了你看起來是什麼樣子，甚至可以決定你的行為模式、你罹患的疾病，以及你能活多久。每個人的基因並不會一模一樣，但是相同物種的生物會擁有類似的基因，舉例來說，所有狗兒所具有的嗅覺相關基因，都比我們人類更多。當你與某個人的親戚關係愈近，你們的基因就愈相似。

要了解演化，你得要了解什麼是基因。
而要了解基因，你得要知道什麼是**細胞**。
還記得那個

超巨大！

而且可能是**無限大**的宇宙嗎？

以水熊蟲來說，
我很大隻喔！

現在，請想一想很小的東西，**真的**很小的。
不用像一個原子那麼小啦，但是比一粒沙子小一點，也比水熊蟲小一點，
因為就連水熊蟲也是由一個個小小的細胞所組成的。

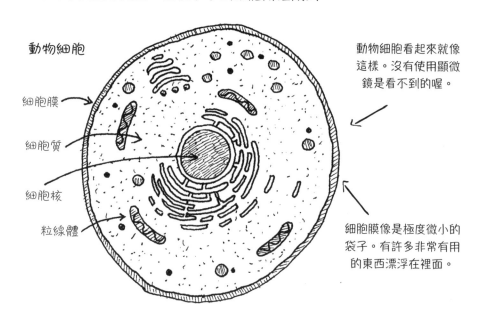

動物細胞

細胞膜

細胞質

細胞核

粒線體

動物細胞看起來就像
這樣。沒有使用顯微
鏡是看不到的喔。

細胞膜像是極度微小的
袋子。有許多非常有用
的東西漂浮在裡面。

細胞吸收食物中的營養，並把養分轉變成能量。
在你體內，不同種類的細胞負責不同的任務。

細胞會自我複製，
所以你能夠生長發育，以及傷口會癒合。

細胞分裂時，新的細胞通常是
完美複製舊的細胞。

細胞會自我複製。

這是一個植物細胞。

那是一個香蕉細胞嗎？

什麼是DNA？

我不知道！

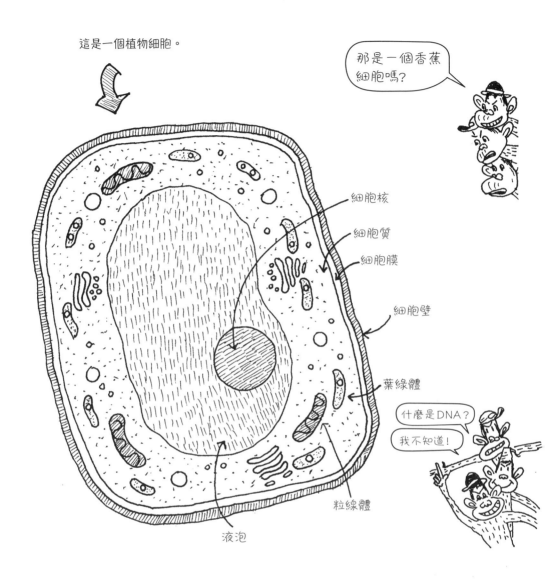

細胞核
細胞質
細胞膜
細胞壁
葉綠體
粒線體
液泡

細胞所複製的每一個細胞應該完全一樣，
但細胞每一次分裂和複製時，都有機會發生**突變**。

細胞核內的某一段DNA可能發生變化，
例如有其他DNA插進來，或者被刪除，或者移動到其他地方去。
演化就在這種時候發生了。

我們全都是突變種！

DNA 讓狗和貓不一樣。
DNA 也讓布奇、菲菲和點點不一樣。

菲菲和點點

疥癬

布奇

不是很漂亮

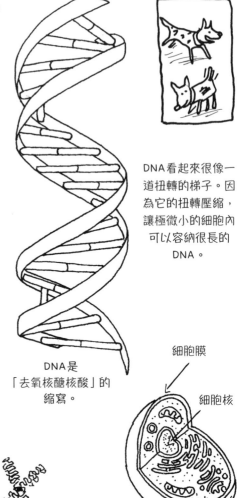

DNA 看起來很像一
道扭轉的梯子。因
為它的扭轉壓縮，
讓極微小的細胞內
可以容納很長的
DNA。

DNA 是一種化學物質，
出現在每個生物的每一個細胞裡。
它儲存了遺傳指令，
用來製造細胞其他所有的部分。

所以，你的DNA 儲存了
製造出「你」的所有指令。

基因是由DNA 所組成的，
而一群基因組成了染色體。

DNA 是
「去氧核醣核酸」的
縮寫。

細胞膜

細胞核

人類的細胞

人類的染色體

人類的基因

染色體是由基因構成的。
動物和植物的染色體位於細胞核內。

在你的DNA 上發生的任何改變，稱為突變。
不過只有一些突變能夠經由父母遺傳給你。

如何製造一支複製人大軍

就連細菌也有染色體。

細菌的繁殖方式,是讓自己整個單一細胞分裂成兩個。
就這樣一次又一次又一次分裂……

好消息是,你身上的細胞也會自我複製。

壞消息則是,那並不表示
你可以像細菌一樣複製**你的整個身體**,
然後用一支複製人大軍統治全世界。

大部分動物的繁殖方式,並不是讓自己的整個身體分裂成兩個。
舉例來說,人類的每個細胞裡面通常有23對染色體。
染色體是兩兩成對的,是因為我們從媽媽和爸爸身上
各得到一套基因,並且混合配對。

同卵雙胞胎可能有**相同的**DNA,
但他們**並不是**媽媽或爸爸的複製人。

科學家已經做出過複製動物,
第一隻複製動物是綿羊,
她叫「桃莉羊」。

科學家很**努力**複製已滅絕的動物,
像是袋狼和恐龍,
因為那樣會很**酷**。

你還無法參觀「侏羅紀公園」，不過你已經認識了恐龍的近親。
鳥類！沒錯，海鷗就是

會飛的迷你版暴龍！

有些哺乳類可以滑翔，但只有蝙蝠有飛行能力。
牠仍然像其他哺乳類一樣有五根「手指」，
而且可以分別使用兩邊的翅膀，就像手臂一樣。

不過，鳥類與爬行類有更多共同點，
牠們都產卵，而且腳上有鱗片。

鳥類甚至與恐龍有**更**多共同點。
很多恐龍都有中空的骨頭，
而且四肢各有三個趾頭，
就好像鳥類。

恐龍甚至有羽毛，
即使牠們不能飛。

但翼手龍會飛，
而牠們這種爬行類比較像短吻鱷和長吻鱷，
牠們並不是恐龍，
翼手龍自己演化出飛行能力。

然而翼手龍還是滅絕了，
牠們並沒有因為能夠飛走而逃過一劫。

我們還在等待鳥類發明
出火箭推進飛行器。

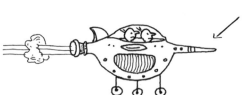

動物的飛行能力並不是全部同時演化出來的，
像蝙蝠、昆蟲和鳥類，是各自在不同的時期演化出不同的飛行方式。
如果會飛，就能逃離掠食者，而且比其他動物更容易抓到獵物，
這種技能很有幫助。

始祖鳥是很早期出現的外型像鳥的恐龍，
而牠的上下顎有牙齒，還具有利爪。
所以如果牠們出現在海灘上，
飛在你身旁，
你絕對不敢隨意吃著熱騰騰的薯條。

嘿，小鳥，我在飛耶！

演化並不是一位發明家。
人們嘗試培育出大型獵犬時，
會刻意挑選體型最大、最強壯的狗……

但是大自然沒有這樣的規畫。
始祖鳥並沒有決定要
演化成一隻海鷗，
牠是透過天擇而出現的。

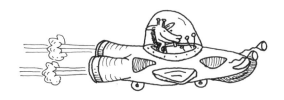

始祖鳥

那些能幫助你在野外生存（或至少不會害你死掉）的突變或行為，比較有機會遺傳給你的孩子。然後，你的孩子可能會把那種突變繼續遺傳給**他們的**孩子。不過，某些性狀即使不再有用處，你的物種還是會保留這個基因。

有些恐龍會把牠們的蛋埋進土裡，或用東西掩蓋住。
而有些現代的爬行類依然這樣做，像是鱷魚。
不過，**有些**恐龍是在地面築起開放式的巢，
坐在巢上孵蛋。
就是那些恐龍演化成現代的鳥類。

當環境的氣候變得很極端，
如果鳥巢可以保持穩定溫度，就表示幼鳥不會死掉。
於是，那些幼鳥順利長大，能夠繼續產下自己的蛋……

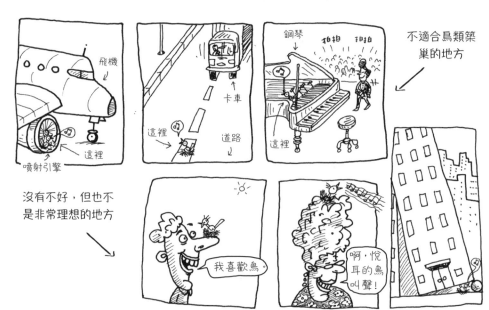

經過數百萬年，鳥巢的型態變得愈來愈複雜。

鳥類不需要有人教牠們該怎麼築巢，
牠們就是知道築巢的方法，這種情形稱為**本能行為**。

而且，如果你這個物種本身的條件不太適合周遭環境，
你要不就努力去適應、或改變生活環境，要不就是……

滅絕！

我們生活在一顆不斷變動的行星上，
而且我們周圍的其他動植物也持續演化，
本來很有用的一些條件，可能一下子就**不再**有用了。

巴哥犬很可愛，當牠是一隻寵物時，**可愛**還滿有用的。
不過一旦把巴哥犬放到野外去，看看牠要怎麼獵捕自己的晚餐……

你就可以體會，什麼叫做**適者生存**。

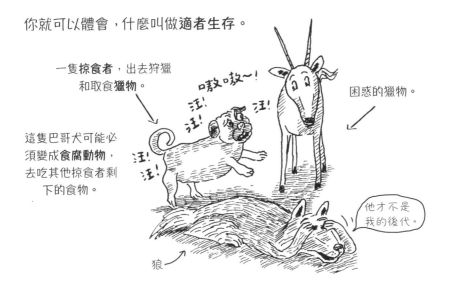

一隻**掠食者**，出去狩獵
和取食**獵物**。

嗷嗷~!
汪!汪!
汪!汪!

困惑的獵物。

這隻巴哥犬可能必
須變成**食腐動物**，
去吃其他掠食者剩
下的食物。

他才不是
我的後代。

狼

萬事通小寶盒

在地球的生命史上，發生過五次**大規模的滅絕事件**，每次大滅絕時，都有
75％到90％的物種一下子消失了，這些事件發生在奧陶紀、泥盆紀、二疊
紀、三疊紀和白堊紀的末期。而每次大滅絕後，都會再演化出不同的生命
形式，填補生態系的空缺。

你可能聽說過，恐龍大約在6500萬年前滅絕了。
這件事還滿突然的。

可能是因為有一顆
巨大的流星擊中地球，
或者可能有大量的
火山爆發。

或者兩者都有。

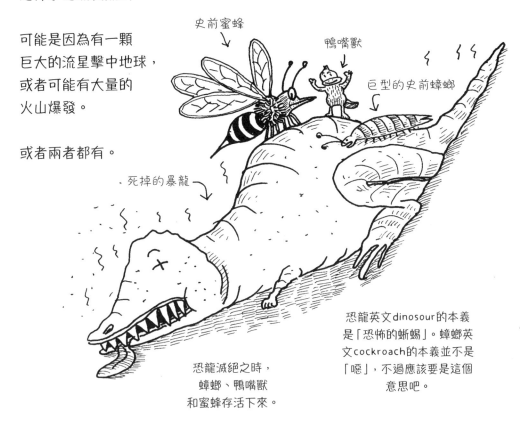

史前蜜蜂

鴨嘴獸

巨型的史前蟑螂

死掉的暴龍

恐龍滅絕之時，
蟑螂、鴨嘴獸
和蜜蜂存活下來。

恐龍英文dinosour的本義
是「恐怖的蜥蝪」。蟑螂英
文cockroach的本義並不是
「噁」，不過應該要是這個
意思吧。

一如往常，氣候變遷造成嚴重的問題，
地球上的生命只剩四分之一**沒有死亡**。
大多數的小型鳥類、爬行類、哺乳類、
魚類、昆蟲和兩生類存活下來。

牠們挺進到第三紀，
而且接管了整個世界。

你知道嗎？蜘蛛是在4億年前演
化出來的，恐龍則是在2億4000
萬年前出現；恐龍在6500萬年前
滅絕了，而蜘蛛現在還在！

奇蝦是寒武紀海洋裡最可
怕的掠食者。牠們很像是
穿了盔甲的巨型蝦子。

回憶古代的牠們！

鏟齒象是古代的大象，有
巨大的嘴巴，下顎長出兩
根象牙，形狀很像鏟子。

小心這種巨型袋熊！雙門齒獸在澳洲生活
了非常久的時間，直到大約在1萬2000年前
滅絕。牠是體型像犀牛那麼巨大的
有袋類動物。

在人類遷徙到美洲之前，漫步在美
洲大陸上的是巨型動物群。例如巨
大的劍齒虎，牠足以撂倒一頭野牛。

還有實在超巨大的長毛象。

度度鳥大約一公尺高，身上有一對沒什麼用處的小翅
膀，頭頂光禿，屁股有一些花俏的短小羽毛。人類大約
在1598年發現這種生物，但後來大肆獵捕，
不到60年就害牠們滅絕了。

恐龍的滅絕並不是**最嚴重**的滅絕事件。
最嚴重的滅絕事件發生在二疊紀結束時，
稱為「大死亡」。

當時鯊魚存活了下來，但是有大約96％的生物滅絕了。

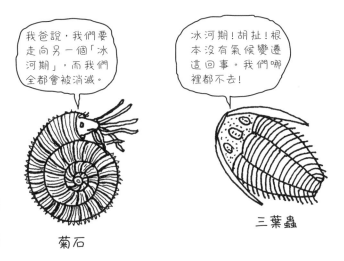

我爸說，我們要走向另一個「冰河期」，而我們全都會被消滅。

冰河期！胡扯！根本沒有氣候變遷這回事。我們哪裡都不去！

三葉蟲消失的時間是2億5000萬年前。菊石滅絕的時間則是6500萬年前。

菊石

三葉蟲

　　自從人們開始住在城市，燃燒煤和石油等燃料後，已經害得動物滅絕的數量多到創紀錄了。還有更多生物正面臨生存危機。現在科學家正提出警告，未來有可能發生**第六次大規模滅絕**。
　　　　　　　　　　猜猜看，誰要為第六次大滅絕負起責任……

萬事通小寶盒

古代的鴨嘴獸可能跟恐龍一起生活過。這種小型哺乳類非常奇特，牠像爬行類一樣會產卵，又像哺乳類一樣用乳汁餵養小寶寶，而乳汁是從腹部的小孔滲出來；牠沒有牙齒，但牠那像鴨嘴的喙部，能夠感應電流，用來尋找食物；牠還跟蜘蛛和蛇類一樣具有毒液，不過牠的毒液是從腳上的尖刺分泌出來。鴨嘴獸是最早從哺乳類生命樹分支出去的動物。

恐龍超棒的！

但如果**牠們**還活著，**我們**恐怕就不會存在了。
哺乳類是在恐龍滅絕之後才登上主舞台，
人類是哺乳類的一員，叫做**靈長類**。

靈長類的系譜樹

南猿
（已滅絕）

黑猩猩和巴諾布猿

大猩猩

紅毛猩猩

小型猿類 像是長臂猿

新世界猴，
像是狨和吼猴

舊世界猴，
像是狒狒和恆河猴

靈長類的系譜樹中，有很多分支都已滅絕，
科學家還在尋找新分支的證據。
在系譜樹上，我們這個物種的分支稱為**智人**。
智人是在至少16萬年前演化出來，
當時與「尼安德塔人」和「直立人」共同生活了一段時間。

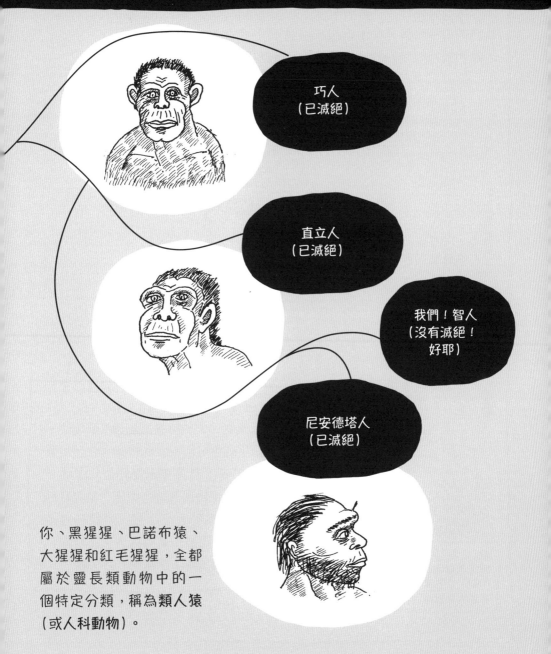

巧人
（已滅絕）

直立人
（已滅絕）

我們！智人
（沒有滅絕！
好耶）

尼安德塔人
（已滅絕）

你、黑猩猩、巴諾布猿、
大猩猩和紅毛猩猩，全都
屬於靈長類動物中的一
個特定分類，稱為類人猿
（或人科動物）。

所以，在靈長類的系譜樹上，
我們**現存**的最近親戚是黑猩猩和巴諾布猿，
人類與牠們之間有99％的DNA是一樣的。

類人猿沒有尾巴，有扁平的指甲（不是爪子）以及靈活的手臂。
我們的拇指可與其他手指彼此相對。
因為大拇指能碰到其他指頭，所以可以抓握東西。

資深女孩，加油！

南猿可以用牠們
的腳趾玩PS4。
嫉妒嗎？

南方

智人**不具有**可相對的腳趾。
因為從南猿以後，人們多半用兩條腿走路，
漸漸的，雙腳外型演變成如同現在的樣子。
我們用雙腳踏遍**整個**世界。

哈哈，我走在
你的對話框
上面。

嘿，小鳥，你看我。
我像走鋼絲一樣，頭
下腳上走在**萬事通小
寶盒**的框線上耶。

萬事通小寶盒

人類與黑猩猩的共同祖先，大約可追溯到700萬年前。
現今的黑猩猩，有需要時也可用兩條腿走路，牠們也會
使用木頭和石頭做為工具；黑猩猩用聲音彼此溝通，
也能夠學習簡單的語言；牠們過著群體生活，是雜食動
物，而且必須照顧小寶寶直到五歲左右；牠們懂得交
易、邏輯，也很喜歡玩解謎遊戲；黑猩猩會彼此合作，
而且有情緒，例如悲傷和嫉妒。聽起來很熟悉嗎？

嗅！嗅！

↳ 測試汗腺

我們的身體持續演化，直到成為智人。
演化過程中，我們的牙齒
和頜部的形狀改變了，毛髮變少了，
我們具有更發達的汗腺，
而且視覺變得比嗅覺更敏銳……
也許是因為我們還沒有發明出除臭劑。

最後，我們演化出更大的大腦。
可能就是因為如此，
人們得以發展出複雜的語言。

這是讓我們與眾不同
的原因之一。

其他動物可以彼此溝通，
有時候也可以與人們溝通。

我思故我在。

可是你真的會思考嗎？

嗯，小鳥，
文章說
他會！

但是智人有文法，而且會書寫。
而且我們可以用一些詞語，
來溝通情緒和複雜的抽象概念。

唉！

智人愈來愈頻繁的溝通，
並且彼此合作，規畫事務，
也成為厲害的發明家。

到最後，智人取代了其他所有的人類物種。
但是不要太得意喔，自負的傢伙！
尼安德塔人的大腦比我們更大，
然而他們還是滅絕了……

$3\frac{1}{2}$

在你周圍的生命

寵物和家畜

有一件事讓我們與其他類人猿有所不同，就是我們會在自己家中和農場裡飼養其他動物。這稱為**馴養**。

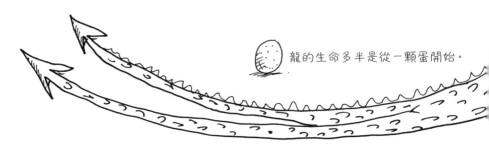

龍的生命多半是從一顆蛋開始。

一開始，可能是有些狼在人類的營地周圍徘徊，
尋覓好吃的剩菜剩飯。
而其中那些與人類親近、不會攻擊人的狼，
最後就成為狗的祖先。

自從人類開始種植農作物以後，貓就與人一起生活。
由於老鼠會偷取人們儲存的食物，
於是出現了貓，去吃那些可口的害鼠。

大家都覺得這樣很有幫助，除了老鼠以外。

蜘蛛也會吃那些偷取人們食物的害蟲，
但人們沒有像喜歡貓一樣的喜歡蜘蛛。

蜘蛛在恐龍之前就演化出來了。
而人類建造房子的歷史有多久，
蜘蛛住在人們房子裡的時間就有多久。

說不定根本是**牠們**馴養**我們**喔。

傳說中的外西凡尼亞雙尾微笑龍

飼養這種龍是因為牠有好用的點火技能，以及粗韌的外皮可做成皮革，還有美味的龍蛋。
牠的雙尾可以煮熟之後做為填塞肉派餅的內餡。
不是很適合做為公寓裡的寵物*。

野生的金魚原本不是金色的，
牠們本來是人類的一頓餐點。

但在中國，有人開始飼養
稀有的紅色、橘色和黃色金魚。

這些彩色金魚，在野外
其實很容易遭到掠食者捕捉。
人們飼養金魚做為寵物，
觀賞牠們奇形怪狀和色彩繽紛的外表，
已經有一千年的歷史。

萬事通小寶盒

*龍是虛構的動物，出現在很多國家的神話中，從英國、希臘，到日
本和中國。牠們住在山洞裡，多半在睡覺，偶爾飛出來噴噴火，把人
們和城市燒得雞飛狗跳。你會在公寓裡面養一隻龍嗎？

人類最早畫圖描繪的動物之一就是馬，
牠們曾是人們很重要的食物資源。
後來，生活在歐亞大陸草原上的人
學會馴服馬，開始騎馬。

野馬的體型遠比
當今的馬匹小得多。
大部分野生種的馬都滅絕了，
如今只有一個物種
在動物園存活下來。

幫一匹野馬套上馬鞍，
並訓練牠讓你騎乘，
這是很困難的事。
讓一隻貓頭鷹
做同樣的事，
則更加複雜。

貓頭鷹

已馴化的昆蟲並不多，
不過人們利用蠶寶寶吐出的絲
已經有7500年的歷史。

蠶繭

蠶絲

蠶寶寶

蜜蜂也被馴化了。
牠們在恐龍出現之前就到處嗡嗡飛，
所以後來哺乳類出現，開始偷吃蜂蜜，
牠們一定覺得超煩的。

人類最早開始養蜂
是在9000年前的北非。
蜜蜂的重要性不只是蜂蜜，
牠也幫人們種的植物傳播花粉，
於是才能結出種子，生長出穀類、水果和蔬菜。

蜜蜂

把牠們當成交通工具可是行不通的唷。

大約1萬年前，人們開始飼養山羊和綿羊，
用來獲取羊肉、羊奶和羊皮。
後來也利用他們身上的羊毛製成毛織品。

耶！

這樣好像
不太對吧！！

在東南亞，有人飼養雞，
但那些雞看起來與現在的雞不太一樣。
現代雞的體型比以前的雞**大**了很多倍。
而且以前的雞每年只生幾顆蛋，現在的雞每年生下**數百顆雞蛋**。

公驢的英文是Jack，
母驢則叫Jenny！
是真的喔！

驢子

原牛是乳牛的祖先。
現在的你吃牛肉、穿牛皮衣、喝乳牛的牛奶，
這是因為在1萬年前，人們馴化了原牛，
把牠們飼養成沒那麼可怕的樣子。

原牛長得比我們更高，頂著巨大的彎曲牛角，
牠的嗜好包括用牛角把獵人鬥死。

牠們原本是歐洲、亞洲和非洲的野生種。
如今地球上大約有15億隻乳牛，但原牛的數量是0。

萬事通小寶盒

所謂的**動物**，是指需要吸收氧氣、會吃其他的植物或動
物、具有移動能力和生殖能力的生物。**物種**這個詞，簡單來
說，是指一群擁有共同特徵的生物，人們就是以這種規則
來分類動物、真菌和植物。至今已發現的動物約有130萬種
（其中大約100萬種是昆蟲），可能還有很多動物等待人們發
現，說不定數目上看1000萬種！

最早的菜園⋯⋯

大約在馴養動物的同一時期，人們也有了
「以**栽種**取代外出採集」植物的想法。

不過，人類總是忍不住做出一點改變。
原始的香蕉長得跟現在完全不一樣，你無法剝掉它的皮。
在人類開始培育香蕉之前，野生的香蕉長得像這樣。

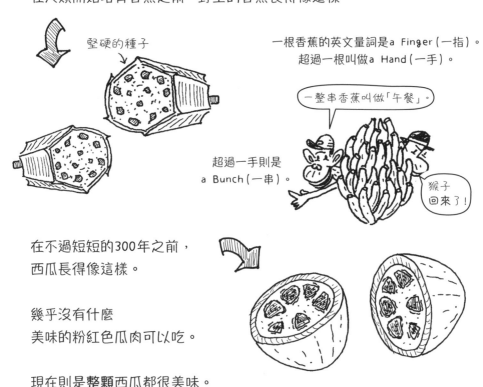

堅硬的種子

一根香蕉的英文量詞是 a Finger（一指）。
超過一根叫做 a Hand（一手）。

一整串香蕉叫做「午餐」。

超過一手則是
a Bunch（一串）。

猴子
回來了！

在不過短短的300年之前，
西瓜長得像這樣。

幾乎沒有什麼
美味的粉紅色瓜肉可以吃。

現在則是**整顆**西瓜都很美味。

叮！

我們透過這臺微波爐
傳送回來了！

有些植物是種來當做食物，或是做為原料用來製造其他物品。有些是因為外表美麗可供人觀賞，或者具有功效可做為藥物（像是製作鴉片的罌粟花，或者製作酒精的大麥）。農業的發展也是人類定居下來的原因之一，人類的聚落逐漸形成小城鎮，最後發展為城市。

有些植物可進行無性生殖來複製自己。
可以從一截根部、一片葉子或一段莖上面冒出新芽來，
或是從匍匐莖生長出來，很多草類就是這樣。

香蕉是由地下莖生長發育出新植株，
這是植物的莖長在地底下的部分。
香蕉已不再有真正可發芽生長的種子了。

那些猴子回來了！

不！

畫得很差的望遠鏡。

具有真正種子的植物，是像這樣生長：

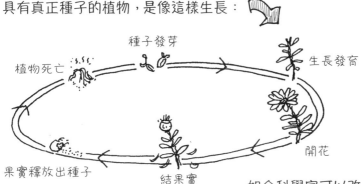

種子發芽

生長發育

植物死亡

開花

果實釋放出種子

結果實

人們以前採用**異花授粉**的方式來改變植物的遺傳特徵，就是讓一株植物的花粉傳到另一株植物的花朵上。

如今科學家可以改變植物的DNA，
讓植物更能夠抵抗疾病或害蟲、結出更多果實、
吃起來風味不同，或是更營養健康。

基因改造植物是經由人為的力量使基因發生突變。

萬事通小寶盒

很多**植物**是固著在一個地方生長，透過根部吸收水分和養分。植物是利用葉子裡的化學物質**葉綠素**來進行光合作用，並且具有由**纖維素**構成的**細胞壁**。

細菌

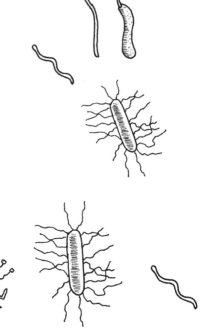

還記得細菌的複製大軍嗎？
細菌繁殖的時候，會分裂開來，
複製出另一個完整的自己。

細菌通常是一顆單細胞，
並不需要生下小寶寶、或者為花朵授粉、
或長出匍匐莖，或釋放出孢子來繁殖。
也因此，細菌可以很快大量散播出去。

細菌可真是**無所不在**！
有些細菌是有害的，會使人病得很重。
但不是所有的細菌都很噁心。

有些細菌生活在海洋裡，
它們是**發光生物**。

這些生物讓海水和海浪
在夜晚散發出最美麗的藍色光芒。

萬事通小寶盒

細菌有非常多種類。你的胃裡甚至住著超過1000種細菌。細菌是生物，但不是動物、不是真菌，也不是植物。有些細菌可跟動物細胞一樣，製造出相同的化學物質，而有些細菌可以像植物一樣進行光合作用。前面提過的層疊石（上面含有微生物）會堆疊在一起，外觀看起來像石頭，但細菌並不是彼此黏在一起而構成整體。細菌的細胞裡沒有細胞核，只有一兩個環狀的染色體。

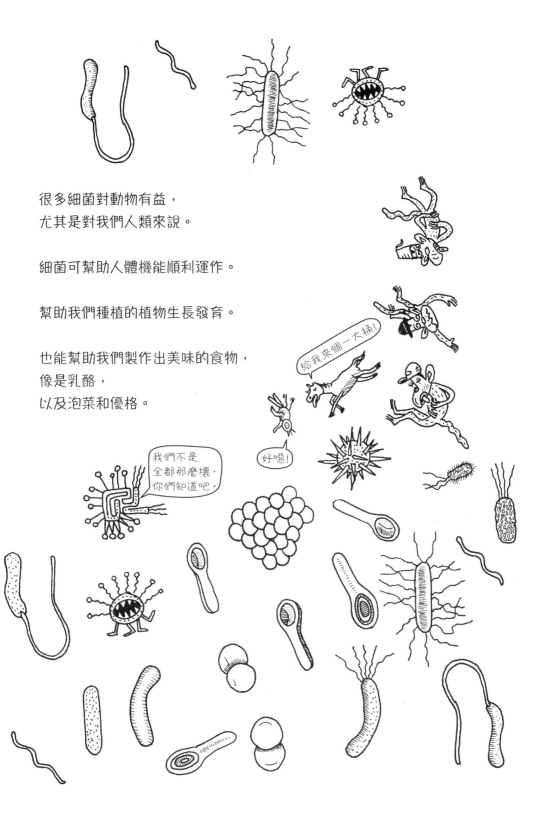

很多細菌對動物有益，
尤其是對我們人類來說。

細菌可幫助人體機能順利運作。

幫助我們種植的植物生長發育。

也能幫助我們製作出美味的食物，
像是乳酪，
以及泡菜和優格。

認識海綿和刺胞動物

海綿生活在海水和淡水裡。

海綿的身體構造非常簡單，身上有大量的小孔洞，用來過濾水，

牠用這種方法攝取養分和氧氣。

海綿有固著的**基底**，因此無法到處移動。

海綿從最初剛演化出來，一直到現在，都沒有經歷過太大的改變。

牠沒有血液、消化系統或神經。

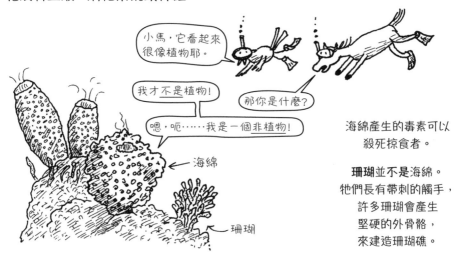

小馬，它看起來很像植物耶。

我才不是植物！

那你是什麼？

嗯，呃……我是一個非植物！

← 海綿

← 珊瑚

海綿產生的毒素可以殺死掠食者。

珊瑚並不是海綿。牠們長有帶刺的觸手，許多珊瑚會產生堅硬的外骨骼，來建造珊瑚礁。

萬事通小寶盒

無脊椎動物就是沒有脊椎骨的動物，牠們比脊椎動物更早演化出來，所以有些無脊椎動物不具有複雜的器官和系統（像是神經系統、循環系統或消化系統）。有些無脊椎動物是以**外骨骼**來支撐，這是身體外面一層很堅硬的結構。海綿、刺胞動物、軟體動物、蠕蟲、棘皮動物和節肢動物，都屬於無脊椎動物這一類。

水母，還有色彩繽紛的珊瑚與海葵，
都稱為**刺胞動物**。

水母是柔軟的無脊椎動物，
在海洋裡到處漂。

有些水母是透明的。

有些水母會產生化學反應，
發出漂亮的彩色亮光。

不過**要小心**喔，
水母的觸手末端有討厭的刺。

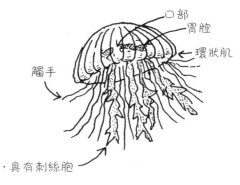

口部
胃腔
環狀肌
觸手
口腕，具有刺絲胞

水母的刺稱為**刺絲胞**。

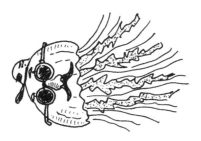

在水母的鐘形身體下方的空腔，
是牠的胃。
那裡連接了牠的口部，
口部同時也充當牠的屁股。

為何這樣裝扮？

他討厭別人叫他
「大呆頭」。

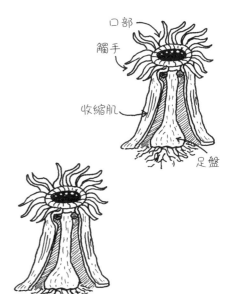

口部
觸手
收縮肌
足盤

海葵很漂亮，
牠被稱做「海中的花朵」，
不過牠**絕對**是動物。

海葵會捕捉蟹類和魚類來吃，
有些海葵可以長到一公尺那麼寬。

啾呵！軟體動物

魷魚的殼位於
身體內側，
而且牠會噴墨汁
來保護自己。

生活在陸地上的**軟體動物**包括蝸牛和蛞蝓。
蚌蛤、貽貝、魷魚和章魚，
則是水中的軟體動物。

牠們的身體很柔軟，
在內側或外側有**硬殼**。

構造最簡單的軟體動物，具有一個肌肉發達的足部。
陸生的蝸牛和蛞蝓會分泌黏液保護牠們的腹足，
能夠黏附在東西上面，也防止自身乾掉。

觸角頂端的眼睛

蛞蝓最棒

觸角

海蛞蝓

所有的蝸牛都有殼，
那是牠們身體的一部分，
蝸牛無法離開殼而生存。

陸生蝸牛的殼內還有
一些器官，像是牠的肺部。

海蛞蝓不需要肺，牠們是透過
屁股附近的鰓來呼吸。

蝸牛觸角的頂端有眼睛，
但是牠沒有耳朵。

跟消化與排泄
相關的構造

鰓

殼

足

口

嗉囊

心

腎

胃

海螺

嗨！我可以看到
你的內臟耶。

章魚是凶猛的海洋獵手，
牠們獨居在洞穴裡，用自己搜集的材料布置住處。
章魚攻擊有殼的動物時，會在殼上鑽出一個洞，然後注入毒液；
或乾脆把獵物從殼中拉出來，用自己的唾液麻痺獵物。

牠們的皮膚可以改變顏色和質感，有些會在黑暗中發光。

牠能噴出黑色的墨汁，並透過**噴射推進**的方式游泳前進，也就是往自己後方噴出水柱。

牠有相當大的大腦、三顆心臟和藍色的血液。

眼睛
頭骨　腦
胃
口部

跟消化、攝食相關的構造

章魚用牠們的吸盤「品嚐」味道。

放我下去啦，笨章魚！

小鳥

潛水艇

章魚的吸盤幫助牠抓取東西和攀爬。
有些章魚用觸手抓著東西時，甚至可以用後面的幾條觸手「走路」。

最小的章魚體長是2.5公分，最大的可達9公尺長。

船

世界各地的傳說，都流傳著存在像船那麼大的巨大章魚。

也許以前真的有這種章魚，或者現在正等待有緣人發現牠們。

哈囉，蠕蟲和棘皮動物

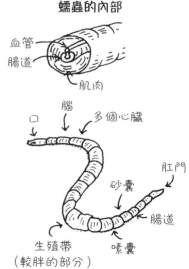

蠕蟲的內部

血管
腸道
肌肉

口　　腦　　多個心臟
砂囊　　　　　　肛門
　　　生殖帶　嗉囊　腸道
　　（較胖的部分）

蠕蟲有著柔軟的管狀身體，
而且沒有腿。
不過牠們有頭部、腦、血液和各種器官，
包括五個基本的心臟。
厲害喔！蠕蟲。

大部分的蠕蟲在水裡或土裡找東西吃，
但**有些蠕蟲住在其他動物體內**，還包括人類。

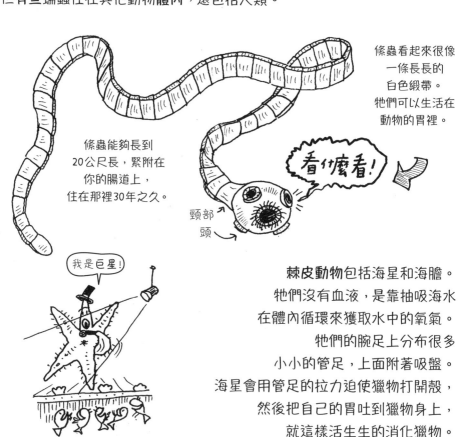

條蟲看起來很像
一條長長的
白色緞帶。
牠們可以生活在
動物的胃裡。

條蟲能夠長到
20公尺長，緊附在
你的腸道上，
住在那裡30年之久。

頸部
頭

看什麼看！

我是巨星！

棘皮動物包括海星和海膽。
牠們沒有血液，是靠抽吸海水
在體內循環來獲取水中的氧氣。
牠們的腕足上分布很多
小小的管足，上面附著吸盤。
海星會用管足的拉力迫使獵物打開殼，
然後把自己的胃吐到獵物身上，
就這樣活生生的消化獵物。

阿羅哈，節肢動物

寄居蟹確實是甲殼動物，但牠們並不是螃蟹。牠們身體後半部沒有堅硬的外骨骼，因此必須尋找其他螺貝類的殼，套到身上。

你在生活中就已看過很多**節肢動物**。

牠們住在陸上、水裡，甚至空中。
牠們具有外骨骼，身體分成不同體節，
而且身體兩側長有數量相配的腳。

對啦，牠們另一個名字就叫做**蟲子**！

蛛形綱動物、昆蟲和馬陸全都是節肢動物⋯⋯
而**甲殼動物**，像是龍蝦和螃蟹，
則是**海中的蟲子**。

節肢動物的身體成長發育時，需要褪去**全身**的外骨骼。

螃蟹**大多是**是橫向行走，但有些螃蟹可以向前走或向後走。

最大的螃蟹是「甘氏巨螯蟹」，牠的足伸展開來可達4公尺寬。

螃蟹用揮舞大螯來彼此「交談」。

牠的眼睛位於眼柄上面。

螃蟹有十隻腳，但是最前面一對是牠的螯。

海馬

放開我啦！笨螃蟹。

更多蟲子！

蛛形綱動物包括蜘蛛、蟎、蜱和蠍子，
牠們有八隻腳，身體分成兩大部分，頭胸部和腹部。
大多數的蛛形綱動物會吃其他小動物，但牠們的口器並不大，
通常必須先用消化液分解食物，才吸吮進肚子裡。

蜘蛛會把毒液注入獵物體內，使牠們麻痹或死去。
在注入毒液的前後，有些蜘蛛會吐絲把獵物包裹起來，
再把消化液注入獵物體內，讓它分解為液體。

蠍子會用鉗子狀的觸肢抓住獵物，
然後用螯肢咀嚼進食。
但牠的毒液儲存在尾部的末端。

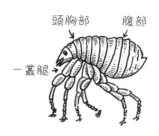

頭胸部　腹部

一叢腿

蜱

蜱和一些蟎類是靠吸血維生，
蜱會咬破宿主的皮膚，
刺入口器來吸血。
好吃！午餐時間到了嗎？

螯針

每隻步足上都有爪子

口部

蠍子

哎喲！

昆蟲佔了地球
已知的生物種類
大約75％。

牠們是唯一
會飛的無脊椎動物。

不同種類的昆蟲之間
看起來差異很大，
似乎很難相信牠們彼此
有親緣關係。

不過仔細觀察一下
（不要太靠近喔，
牠們會咬人）。

你會發現牠們
全都有六隻腳、
一對觸角……

一副外骨骼，
以及身體分成三部分。

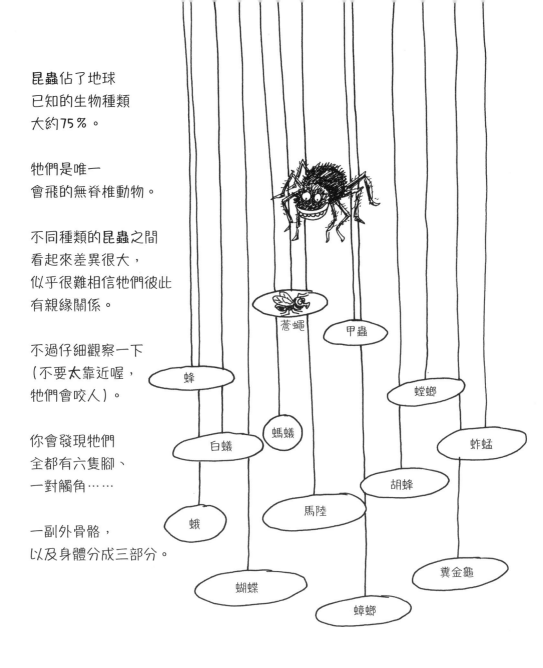

蒼蠅

甲蟲

蜂

螳螂

螞蟻

蚱蜢

白蟻

胡蜂

蛾

馬陸

糞金龜

蝴蝶

蟑螂

我討厭蜘蛛！

我也是。

蒼蠅

許多人會把昆蟲稱為害蟲，
但如果昆蟲消失了，
土壤會變得不健康，植物無法授粉，
死去的生物無法適當的分解，
其他動物將會沒有東西可以吃。

超狂的昆蟲

肉食性的**蜂類**有胡蜂、蛛蜂等,有些蜂的體型小到你幾乎看不見;不過有些也能長到跟你的手一樣大。牠們的成蟲大多吸食花蜜維生,但**幼蟲**只吃動物。

胡蜂

澳洲的蛛蜂,會叮咬獵物使牠麻痹,
蛛蜂會把那可憐的蜘蛛拖進巢穴裡,在蜘蛛身上產卵。

等到蛛蜂寶寶孵化了,便立刻開始進食,
於是蜘蛛就被一點一點的**活生生吃掉**。

是在飛的馬耶

她也活生生的進食獵物喔,這是她自作自受。

可憐的蜘蛛。

遭到蜂寶寶侵害!你是開玩笑的吧?

蚱蜢

蚱蜢可以吃下大量的植物,
高達自己體重的16倍。

甲蟲

甲蟲與其他會飛的昆蟲有所不同。
牠們的四片翅膀中,有兩片是堅硬的翅鞘,
可以保護細緻的飛行翅膀。

蛾類

萬事通小寶盒

昆蟲、蛛形綱與兩生類,在生命不同階段時,外表看起來都很不一樣。大多數的昆蟲會產卵,然後孵化成幼蟲;「毛毛蟲」就是蛾或蝴蝶生命史的**幼蟲階段**;「蛆」則是蒼蠅生命史的幼蟲階段。當幼蟲吃了足夠的營養,牠們會經過幾次蛻皮,然後吐絲織了個小小的睡袋,稱為**繭**;或者是轉變成閃亮堅硬的**蛹**。在繭或蛹裡面,幼蟲將轉變為成蟲的模樣。

馬陸是身體長長的、分成很多節、
看似昆蟲的動物。
有些馬陸可以長到將近40公分長。
馬陸的別名叫「千足蟲」，
但並不表示牠有1000隻腳喔。
有些馬陸有30隻腳，有些則有400隻腳。

犀牛並不是昆蟲，牠的英文
rhinoceros很難拼出來。
牠們有四條腿，臉上長了
很大的角。在醫學詞典裡，
rhino的意思是「鼻子」，
ceros的意思是「角」，
所以**牠們的**名字是有道理的。
可惜沒有milloceros
「千角蟲」這種東西。

馬陸(千足蟲)

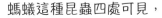

螞蟻

螞蟻這種昆蟲四處可見，
除了北極和南極以外。
不過呢，你可能只看過**工蟻**，
牠們全都是雌性，而且沒有翅膀。
雄蟻有翅膀，像蟻后一樣，
但**牠們**只能存活大約一個星期。

螞蟻固然很小，但是很強悍，
牠可以搬運重達自己體重50倍的東西，
而且大家通力合作，還可以搬運更重的東西。

許多白蟻吃木頭，包括人類的房子，
牠們不是螞蟻，
白蟻與蟑螂的親緣關係還比較近。
有些白蟻會建造巨大的蟻穴，
可達30公尺寬。

白蟻

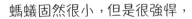

喂，那隻螞蟻！
這是我們的家啦！！
把它放回去！

很狂的
螞蟻
↓

白蟻

蟑螂

更狂的昆蟲

一隻蟬

其實這是一隻蟬的<u>畫像</u>啦。

雄蟬振動身體的一個部分來鳴叫發聲。
蟬的幼蟲在地面上孵化出來，
接著鑽到地底下，吸食樹根維生。
之後，牠們會在同一時間
全部來到地面上，蛻變為成蟲，
而且發出非常吵鬧的蟬鳴聲。

哎喲！

螳螂

螳螂是擅長偽裝和狩獵的忍者。
牠的外觀看起來很像枝條或葉子，具有咀嚼力道很強的大顎，
前足非常鋒利，而且跳躍力像貓一樣靈活，
牠們甚至能捕捉小型鳥類來吃。
有些螳螂看起來像朵花，
那些前來收集花粉的昆蟲，
最後就原地變成螳螂的餐點了。

好吃！

拜託喔！

蝴蝶

所有的動物都需要一點鹽分才能存活，
但牠們又不能買一包薯條來吃。
有些蝴蝶會飛下來啜飲烏龜的眼淚，
有些蝴蝶甚至會喝鱷魚的眼淚，這稱為飲淚行為。

蒼蠅產下卵，然後卵孵化成蛆。
蛆吃一些無生命的東西，像是
沒有加蓋的食物、垃圾、
屍體，甚至腐肉。

蛆沒有腳，但**絕對**有口器，
上面還有鉤。

蒼蠅用牠們的腳感受味道，
牠們把消化液吐到食物上，再用海綿狀的口器舔吸食物。

趣味小知識：蒼蠅和蛆兩者都很

不過牠們有沒有比蟑螂**更**噁心？
由你來判斷好了。

蟑螂已經有2億年沒有改變，
牠們不可能改進得更完美了。
蟑螂什麼東西都能吃，但一個月沒進食也沒關係，
牠們一年可生下2萬隻蟑螂寶寶，
可以閉氣七分鐘，可以承受危險的輻射線而存活下來，
而且即使沒有頭也可以存活將近一星期。
蟑螂的嗜好是，把細菌從垃圾桶帶到你的廚房流理臺。

授粉和蜂蜜

蜂巢裡有一隻蜂后，
還有很多雌性的工蜂，以及雄蜂。
只有蜂后和工蜂有螫刺，
蜂后用她的螫刺來產卵。

螫刺

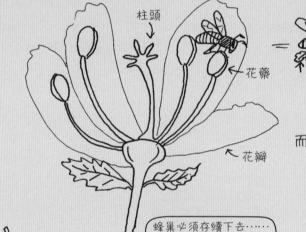

柱頭

花藥

花瓣

而工蜂一旦用了螫刺，
就會死掉。

果實或種子若要發育，
就需要從一株植物的
花藥裡，把花粉傳到
另一株植物的柱頭上。

啊喲！
真的
很痛耶！

蜂巢必須存續下去⋯⋯
不過為什麼是我啊！！

喘氣！

萬事通小寶盒

共生是兩種生物之間建立的特殊關係。如果兩種生物都有好處，就稱為互利共生；其中一方獲益，另一方無害無益的，稱為片利共生；還有第三種形式是你已經知道的，就是寄生，蜱和條蟲都是如此。在寄生生物和宿主的關係之中，宿主生物會受害。

蜜蜂和植物之間有特殊的關係。當花朵準備要授粉時，曾散發出氣味，此時蜜蜂聞香而來，因為**牠們**需要收集花粉帶回蜂巢。蜜蜂在花朵之間穿梭時，會掉下一些花粉，就這樣到處散播花粉，這正是植物的繁殖方法。

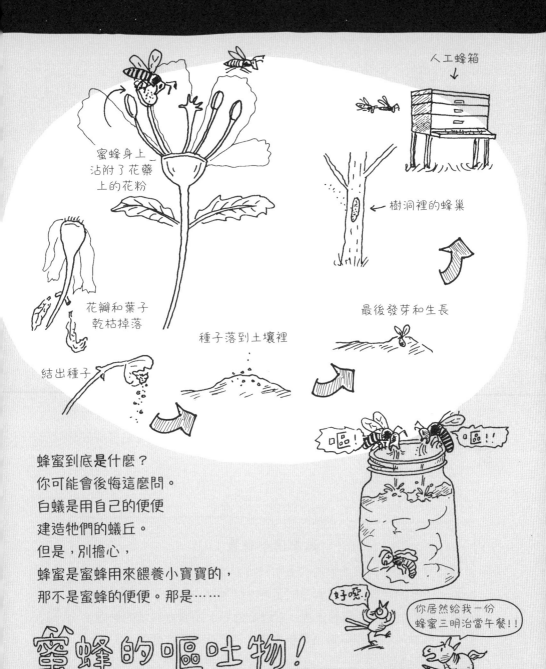

人工蜂箱
↓

蜜蜂身上
沾附了花藥
上的花粉

← 樹洞裡的蜂巢

花瓣和葉子
乾枯掉落

最後發芽和生長

種子落到土壤裡

結出種子

蜂蜜到底是什麼？
你可能會後悔這麼問。
白蟻是用自己的便便
建造牠們的蟻丘。
但是，別擔心，
蜂蜜是蜜蜂用來餵養小寶寶的，
那不是蜜蜂的便便。那是……

嗚嗚！

嗚嗚！！

好噁！

你居然給我一份
蜂蜜三明治當午餐！！

蜜蜂的嘔吐物！

食物鏈

某種植物或動物吃掉另一種生物時，稱為一條**食物鏈**。不過因為動物不只吃一種食物，事實上更像是一張複雜的**食物網**。

蜘蛛和貓都是**食肉動物**。

食肉動物只能吃肉類，牠們無法消化植物。

犀牛是**食草動物**，牠們只吃植物。

犀牛可能會高高興興殺掉你，但是不會吃掉你。
犀牛會把你留給食腐動物吃，像是鬣狗。

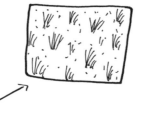

萬事通小寶盒

植物會自己製造能量，它們多半只需要進行光合作用，就能得到自己所需的能量；有些細菌則是可以從環境中的化學物質獲取能量，這些生物稱為**自營生物**，它們是世界上所有食物鏈的基礎。
其餘所有生物則稱為**異營生物**，必須吃東西才能維生！

狗狗一旦餓起來，只要是牠們的小小狗爪能找到的東西，什麼都吃。牠們是**雜食動物**，像人類一樣（大多數是啦）。雜食動物可以吃植物和動物。

每一條食物鏈的頂端都有**頂級掠食者**，頂級掠食者沒有天敵。

人類馴化了一些頂級掠食者，像是狼和猛禽，幫助人類打獵。

鸕鶿多半是野生的。但在日本和中國，鸕鶿的飼主訓練牠們幫忙捕魚。

我們為什麼不是頂級掠食者呢？

香蕉覺得我們是啊！

嘿，小鳥，我可以吃那個小寶寶當午餐嗎？

你會使用工具，而且很聰明，因此你是一種頂級掠食者。雖然有很多動物可以輕輕鬆鬆就把你當成午餐。

不行！小馬。有兩個理由：你是食草動物，還有你只是一匹被<u>畫</u>出來的馬。

不過，有一群生物甚至可以吃掉最可怕的頂級掠食者，牠們是**分解者**。

牠們分解掉廢物和死屍，讓整條食物鏈繼續運行。真菌和細菌，還有一些動物，像是蚯蚓、蟑螂和蛆之類，或許讓有些人覺得反感，但牠們是食物鏈中的英雄！

我是英雄！

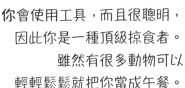

那是誰的便便？

好吧，讓我們來認真討論便便。

有些動物吃便便

吃自己的或其他動物的。

糞金龜

有些昆蟲吃大型動物的便便，
因為便便裡面還有很多尚未消化的食物。
糞金龜推滾動物的便便
已經大約有3000萬年的歷史，
牠們吃便便，也在便便裡面產卵。

兔子會大出兩種不同型態的便便，
不過只有一種是用來吃的。

有些動物寶寶甚至會
吃自己媽媽的便便，
以獲得牠們剛出生時缺乏的有益細菌。

樹↗

袋熊的體型**有一點點**像方塊的形狀，
牠們的屁股則不像。
不過，牠們的便便是
全世界唯一的方塊狀便便。
大家都不太知道這是如何或為何造成。

你可以藉由觀察便便，辨認那是哪種動物的。
而且你可以看出牠吃什麼東西當晚餐。

蛇類不太常便便，
不過一旦便便，
牠們也會排出固體的尿。

嗯，我很正常，
我只是在大便。

蝸牛的身體完全扭轉塞進牠們的殼裡，
因此蝸牛的屁股在牠們的呼吸器官旁邊，
也剛好在頭旁邊。

蝸牛便便

蝸牛頭部

毛茸茸塞子

熊冬眠的時候，
整個期間都沒有大便。
怎麼做到的？你**真的**想知道嗎？

據說，牠們舔舐自己的毛髮，
然後在腸道內製造出一種「毛茸茸塞子」來堵住。

那就表示牠們**無法**便便，要等到來年春天再度進食為止。

很多動物用大便來標示自己的領域。

小馬，你在下面
幹嘛？

像是獅子和老虎之類的大型貓科動物，
藉由大便讓其他掠食者知道牠們的存在。

我要把自己的便便
埋起來，因為我不
是頂級掠食者。

但是小型貓科動物並不是頂級掠食者，
因此牠們會把自己的便便埋起來，以便隱藏氣味。

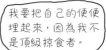

噗噗噗

幾乎所有的哺乳類都會放屁。
樹獺似乎是唯一不放屁的哺乳類，
但牠們有**超嚴重**的口臭。

呃啊!

鯨魚的屁是最大顆的，
海豹的屁是最臭的。

對一些魚類來說，放屁是攸關生死的事，
如果牠們無法放出屁，最後將會浮到水面而死亡。

海牛利用體內的氣體來漂浮，
等到需要沉下去時，只要再放個屁就行了。

有非常大量的小小白蟻，每天都放屁，
加總起來，也造成世界上的甲烷汙染。

連蟑螂飛起來都是仰賴「噴屁動力」。
*

*你不會很希望這件事是真的嗎？

124

有些蛇類的防衛機制是放屁，
稱為泄殖腔噴氣。

萬事通小寶盒

哺乳類的腸胃分解食物時，就會產生氣體。這是拜細菌之賜，它們是消化食物所需的特定細菌。分解植物類的食物所產生的氣體比較多，但肉類食物的氣體比較臭。動物的消化系統愈長，就有更多產生氣體的機會。章魚、貽貝和蛤蜊不放屁；鳥類或許會，
但沒有人真正確定。

動物無所不在

還記得水熊蟲嗎？
牠是節肢動物的近親。

如果環境情況變得太危險，
牠會進入一種冬眠狀態，
稱為**酒桶狀態**。
水熊蟲會排出體內的水分，
變成沒有生機的一團球，度過一段時間。
牠可以抵擋太空的危險輻射線和
寒冷真空而存活下來。

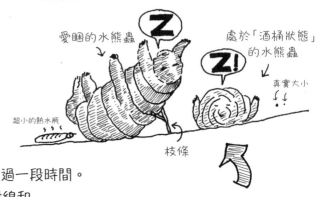

愛睏的水熊蟲

處於「酒桶狀態」
的水熊蟲

真實大小

超小的熱水瓶

枝條

正式名稱是緩步動物，
又稱水熊蟲或「苔蘚小豬」。

水熊蟲、管蟲、蚌蛤和蝦子可以生活在海底火山口的滾燙水域附近。

住在沒有光的洞穴裡的動物，
身體是白色的，而且沒有眼睛。
你在黑暗中不需要有顏色或視力對吧。

有一些動物生活在海洋最深處、最黑暗的地方，
那裡的溫度接近冰點。

還有一些動物甚至住在其他動物的**身上**和**體內**。

河狸用牙齒咬斷樹枝，
再用泥土和枝葉建造水壩和家園。
白蟻挖掘地道，而地上是巨大的蟻丘，
牠們還能建造高聳的煙囪，
將熱空氣排出去。
許多動物的家園
既奇異又美妙。

與絕妙的魚類一同游泳

鯊魚和其他魚類是
最早出現在地球的脊椎動物，
牠們利用鰓在水下生活和呼吸。

不是**所有的**魚類都有魚鱗，
有些魚類身上覆蓋著**黏液**。

鯊魚和魟魚是魚類，但牠們有個很大的不同，
牠們的骨骼是由**軟骨**構成的。
而多數魚類是硬骨魚。

魟魚的身體呈扁平狀，
尾部有刺。

不過，鯊魚才是
海洋的頂級掠食者。

游慢一點啦，
你們這些傢伙！

牠們非常聰明，上下顎強而有力，
還有多排牙齒可以把你撕咬成碎片。

有些鯊魚不產卵，
牠們產下鯊魚寶寶。
錐齒鯊甚至在出生之前就是掠食者，
牠們在子宮內就會吃自己的兄弟姊妹，直到最後剩下自己。

萬事通小寶盒

脊椎動物有一條**脊柱**，由軟骨或硬骨構成，可保護中央的脊髓。軟骨不像硬骨那麼堅硬，而是具有彈性，通常與硬骨結合在一起，你不妨摸摸自己的耳朵，就是由軟骨構成的。**硬骨**有堅韌的外層，內部則是海綿狀，包含了血管、神經和骨髓。魚類、兩生類、爬行類、鳥類和哺乳類全都是脊椎動物。

大多數的魚類，包含鰻魚，都是**條鰭魚類**，
牠們的魚鰭是皮膜披覆在骨質鰭條上。

電鰻的體內會產生
強大的電流。
電鰻用這種電流偵測獵物，
然後電暈牠。

鯰魚一般有**觸鬚**，
那是長在嘴巴附近的鬚，
具有味蕾。
不過有些魚類**全身**
都可以感知味道。

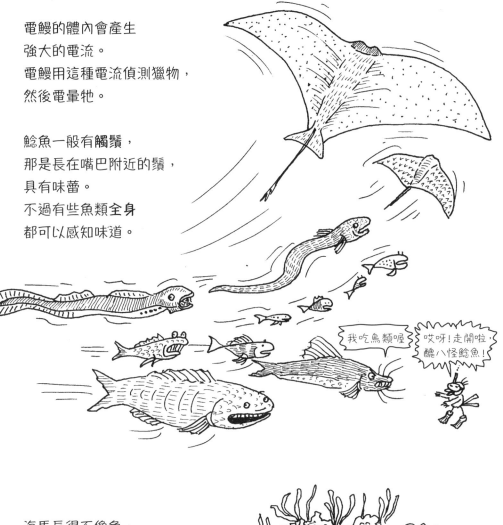

我吃魚類喔

哎呀!走開啦，
醜八怪鯰魚!

海馬長得不像魚，
不過牠們是魚類喔。

海馬不是很擅長游泳，
所以是用牠們的尾巴
掛在東西上面。

各位介意
我跟你們
一起待在
這裡嗎?

厲害的兩生類

蛙卵 →

成長為胚胎 →

煎青蛙蛋

不是很好吃

兩生類的英文amphibian
來自於希臘文，意思是
「過著雙重的生活」。
而蟾蜍、蛙類和蠑螈正是如此。

孵化成
有尾巴的
蝌蚪

外鰓用來呼吸

我們在嬰兒時期，
外表看起來和現在不一樣。
可是，還有差別更大的，
兩生類幼年時長了鰓，
看起來根本像魚類。

蝌蚪長出後腳

等到長大時，
牠們居然長出四條腿和肺。

牠們依靠
尾巴裡的
養分維生

← 蝌蚪長出前腳

尾巴愈來愈短

兩生類通常不會像昆蟲那樣
做出繭或是蛹，但牠們的變態過程
同樣令人大感驚奇。

成蛙

兩生類的成體呼吸空氣，
不過牠們的皮膚需要一直保持溼潤，
不能離開潮溼的家園太遠。

這隻熊
以為牠自己
是蝙蝠

魚類、兩生類和爬行類是**外溫動物**。
天寒地凍時,牠們身體也變得冷冰冰,
活動立刻慢下來。
不過有些蛙類在冬天並不只是睡覺,
牠們是「凍僵」了,完全停止呼吸。

心臟也停止跳動。

牠們**看起來**好像死掉了,
但是到了春天,牠們將再次甦醒。

蝙蝠

熊

萬事通小寶盒

天氣寒冷時,有些哺乳類也會睡覺,即使牠們是內溫動物。蝙蝠冬眠時,頭上腳下懸掛著,全身的功能都慢下來;熊的冬眠方式不一樣,不過確實是長時間進入非常深層的睡眠,冬天來臨之前,牠們必須把自己養得又可愛又胖胖的才能存活;有些鳥類也可以讓心跳和呼吸都變慢,這樣能撐過短暫的寒冷時期。

赫赫有名的爬行類

蛇類、鱷魚、短吻鱷、
蜥蜴和烏龜
全都用肺部呼吸空氣。
牠們是有鱗片的脊椎動物，
有時候會一口氣脫下全身外皮。

最大的爬行類，是體長6公尺的灣鱷。
牠們從水裡對獵物發動伏擊，
而且可以用**死亡翻滾**殺死大型動物。

可惡，舌頭太黏啦！

最嬌小、最可愛的爬行類是變色龍。
牠的每隻「手」只有兩根指頭，
而且還可以改變皮膚的顏色，
尾巴善於抓握，
會用黏黏的舌頭來捕獲晚餐。

可憐的烏龜。

屁股呼吸

呼

爬行類有一些能力
真是超奇怪的。

冬季期間，烏龜都待在結冰的池塘裡，
但牠還是需要呼吸，
而牠無法像青蛙一樣維持「凍僵狀態」。
幸好牠的屁股有特殊的血管，可以從水中獲取氧，
而且，對啦，這稱為**屁股呼吸**。

萬事通小寶盒

外溫動物仰賴環境讓身體暖和與冷卻，牠們必須躺在陽光下讓身體變暖，或者泡在冷水裡冷卻身子。**內溫動物**利用體內的能量讓自己暖和，另外牠們會**打寒顫**，抖動身體肌肉產生熱量；也會喘氣，讓體溫不會過熱。哺乳類還會流汗，讓身體降溫。

蛋的祕密

爬行類的小寶寶是從蛋裡面展開生命。
爬行類的蛋很軟，外殼的質地像皮革，
牠們通常把蛋埋起來。
大部分的媽媽不會在蛋的附近等待，
不過鱷魚的媽媽會喔，
所以別招惹鱷魚的蛋。

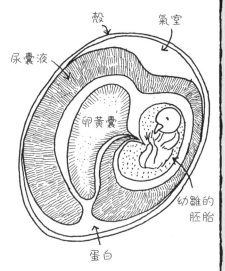

殼
氣室
尿囊液
卵黃囊
幼雛的胚胎
蛋白

爬行類、鳥類和哺乳類的蛋殼是防水的。
而內部是含有液體的囊袋，
用來保護胚胎。

兩生類的蛋完全沒有液體，
所以牠們必須在水中產卵。

直接生下小寶寶並不常見，多數種類的動物都產卵。

魚類會產下非常大量的小小魚卵。
少數幾種魚會把卵含在嘴巴內，
帶著卵行動，直到孵化為止。
海馬爸爸則是把卵
放在腹部的育兒袋內。

哎喲!

有些蜘蛛媽媽會把卵
揹在背部，帶著卵行動。
還有少數幾種昆蟲，像是蠷螋，
也會留在原地照顧牠的卵。

危險的動物

人類獨自位於食物鏈的頂端，因為我們能夠互助合作、馴養其他動物，而且會使用工具。不過，很多動物天生就配備了武器。

千萬別相信一隻天竺鼠。

又大又重的東西

氣噗噗的天竺鼠
（可以把又大又重的東西扔得超遠）

金魚對實境節目一點都不感興趣。

家人　電視

討厭電視的金魚

而所謂的武器，
並非永遠都是尖牙和利爪。

河馬圓滾滾的很可愛，
不過牠們的體型非常巨大，
而且超級凶猛好鬥。

即使河馬是食草動物，
牠們仍是全世界最致命的大型陸生動物。
牠們可以把一隻鱷魚咬成兩半。

白犀牛的體型同樣也很巨大，
體重甚至更重。（怪的是牠們明明是灰色的）
白犀牛的外皮很像盔甲，
而且碩大的犀牛角很嚇人。

氣噗噗的螞蟻
要找機會報仇

如果公平打鬥，犀牛**可能**會打敗河馬。
但河馬是群體生活，而且會潛伏在水下，
你根本看不出來牠們躲在那裡，可是一旦驚擾到牠們，你就**死定了**！

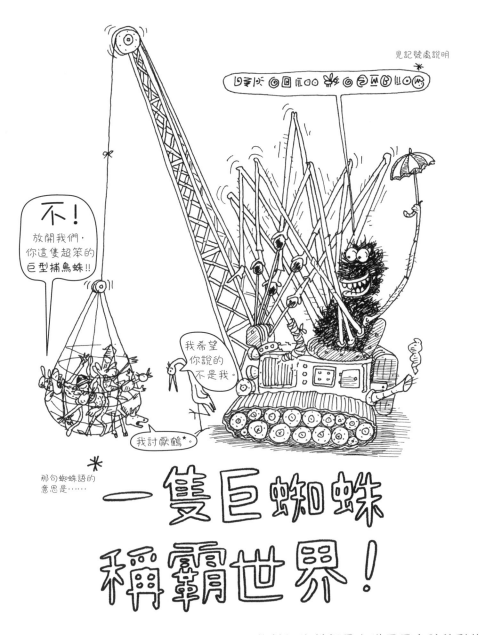

一隻巨蜘蛛
稱霸世界！

蜘蛛認為**牠們**是全世界最危險的動物。
不過有些鳥類也有毒，如果你攻擊牠們或要吃牠們的話，
不是鶴，牠們是會飛的鳥類裡面長得最高大的，但是無害。

有一種鳥類叫做「黑頭林鵙鶲」，
牠們會從晚餐吃的有毒昆蟲中吸收毒液，並儲存起來。

★譯註：鶴的英文 Crane 也有「起重機」的意思。

135

有一些魚類和海龜也可讓自己帶有毒性，
牠們吃有毒的藻類、珊瑚和水母。

海蟾蜍則可自行在體內
製造出非常危險的毒液。

巨大致命的
捕鳥蛛

黑頭林鵙鶲

非常致命 →

某些海龜

某些猴子　　箭毒蛙　　糞金龜　　蝙蝠　　海蟾蜍

你不該吃的動物！

箭毒蛙的黑黃花紋皮膚非常漂亮，
但那其實是一種警告標誌。

在大多數的有毒動物之中，
箱型水母是金牌優勝者。

牠們的毒素**絕對**會害你沒命。
而那實在**太痛苦**了，
你可能會先心臟衰竭，
或者陷入休克和溺水。

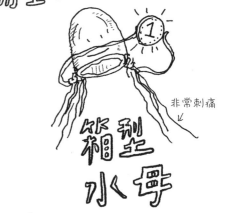

而全部裡面最致命的……

非常刺痛
↓

箱型
水母

我!很致命!

可愛、動作緩慢
且非常致命的
← 懶猴

← 樹

←

有毒的哺乳類很罕見，
不過還是有幾種。
像這隻毛茸茸的小可愛是懶猴，
很**可愛**吧。
不過牠的汗液和唾液
全都有毒。而且如果懶猴
把兩者混合在一起……
結果會變得更慘。

捕食性植物

大家都知道有些植物有毒，
但是植物還會獵食喔。
它們依然會進行光合作用得到能量，
不過也會從獵物得到養分。
在許多地區演化出不同的食肉植物，
那些地區的土壤太稀薄，或者不夠肥沃。

豬籠草

看起來無害。

捕蠅草

豬籠草通常捕捉昆蟲，
甚至還能捕到老鼠。

而捕蠅草不只吃蒼蠅。
有人曾發現，捕蠅草
裡面留下蛙類的骨骼。

小鳥，我覺得
猴子是危險的
動物。

下一頁
會有猴子的
大災厄。

萬事通小寶盒

生物的毒性大致可分成兩類，一類是身體含有毒性做為防禦，當碰觸
牠或把牠吃下肚時，都有危險（這類毒性的英文是poisonous）；另一類
則是會藉由主動螫刺或齧咬，把毒液注入獵物的血液中（這類毒性的
英文是venomous）。而臺灣赤煉蛇和藍紋章魚就更厲害了，牠們既是
身體表面有毒，也能注入毒液。

美麗的鳥類

鳥類是內溫性的脊椎動物，有嘴喙和羽毛。鳥類產下的蛋有硬殼，牠們的羽毛能保暖，同時也幫助飛行，不過，有些鳥類雖有翅膀，卻**無法**飛行。

有些鳥類是在水面下「飛行」，像是企鵝。
企鵝的羽毛能防水，
讓牠們保持溫暖和乾燥。

紅鶴的外表有著美妙的粉紅色，
是因為牠們吃的藻類和小型貝類裡
含有一種橘色的化學物質，
叫做 β- 胡蘿蔔素。

我是一隻紅鶴，我涉水時不會把屁股弄溼喔。

我就不行。

小鳥，我有翅膀！

小馬，我會唱歌！

鳥類的發聲器官很獨特，
與其他動物都不一樣。
有些鳥類可以模仿任何聲音，
甚至是其他動物的叫聲。
而每一種鳴禽都有不同的鳴唱聲。

萬事通小寶盒

很多鳥類為了避開寒冬，會飛去比較溫暖的地方過冬，這稱為**遷徙**。北極燕鷗締造了遷徙距離的紀錄，牠們有大半年都在飛行，在北極和南極之間遷徙。有些蝴蝶和北極的馴鹿也會遷徙避冬。馴鹿是鹿，所以牠們不會飛，當然，除非是耶誕節要投遞禮物的時候。

我最厲害!!

很多鳥類只吃種子和果實。
但大多數的鳥類是雜食動物，
有些甚至會吃其他鳥類。

鸚鵡

雞腿

鼓棒

香蕉

鳥類的腦**很小**，
不過有**很多**神經細胞塞在腦部裡面，
牠們很**聰明**。

非洲灰鸚鵡真的非常聰明，
牠們有學習能力，
而且能夠理解數百個單字。

腦很小

腦很大

閉嘴!小馬

我的腦
很**大**喔，
小鳥。

其實不難看出
鳥類是從恐龍演化來的。
貓頭鷹會把獵物整個吞下去，
再嘔出食繭，
這是由獵物的骨頭和毛皮所構成的東西。

猛禽有彎曲狀的嘴喙和銳利的爪，
可以撕裂肉類。

蛇鷲會把獵物踩踏致死。
然後你猜猜看，
吃猴子的老鷹會
用什麼配茶？

那是吃猴子的
老鷹!!

奇蹟一般的哺乳類

哺乳類是內溫動物，
媽媽會用自己身體製造的乳汁餵養小寶寶，
哺乳類呼吸空氣，全身毛茸茸的。
（連鯨類在出生之前都是毛茸茸的）

有些哺乳類會游泳，有些會滑翔，有些會跑跳，但只有蝙蝠會飛行。
哺乳類有牙齒，而利齒或鈍齒，主要取決於牠們所吃的食物，
鯨類則完全沒有牙齒。

哺乳類一開始全都有四肢，
但鯨類和海豚不再需要四肢，於是就演化成沒有四肢。
哺乳類四肢的末端有爪子、指甲或蹄。

你已經了解
很多哺乳類的事。
因為，**你自己就是哺乳類啊！**

但是絕對不要忘了。
猴子是
最棒的哺乳類！！

所有的哺乳類都有肺。

連海豚也得游到水面上，
透過牠頭頂的**噴氣孔**來呼吸空氣。

有些哺乳類長了**角**，
但那些角各不相同。

犀牛角是由**角蛋白**構成的，那也是指甲的成分，
犀牛角在一生當中會不斷生長。

雄鹿的**鹿角**是由死去的骨頭所構成，
鹿角每年都會脫落。
而長頸鹿角只是皮膚底下小小的骨質突起。

大象的**象牙**很像長長的角，
但其實是巨大的牙齒。
一角鯨的長牙又長又尖，
因此牠有「海中獨角獸」的稱號。

抱歉，但我是雜食動物。

救命！

每種哺乳類都有獨特的**叫聲**。
噴鼻息的哼哼聲，呼嚕呼嚕聲，吠叫，嘶鳴……
只有長頸鹿安靜不出聲，
而一角鯨和海豚會發出口哨聲和喀噠聲。

猴子的叫聲最像我們，
牠們的吱喳聊天聽起來很像一個個句子。
黑猩猩在其他方面更像我們人類，但牠們採用手勢多過發出叫聲。

吼猴是叫聲最嘹亮的陸生動物。

吼！
吼！
安靜！
安靜！
安靜！

萬事通小寶盒

哺乳類有各種體型和大小，從巨大的藍鯨到嬌小的豬鼻蝠都有。但主要可分為三種類型：**有袋類**將幼兒放在育兒袋裡，**單孔類**產卵，而**有胎盤類**將胎兒放在體內的子宮裡。像馬這樣的哺乳類，一出生就能覓食和走路；人類的嬰兒則無法照顧自己。不過，所有的哺乳類都會待在自己的寶寶身邊細心照料牠。

你體內的宇宙

小馬，我們是一個宇宙耶！ 哇！

你的身體有92%是由碳、氧、氫和氮所組成。身體的60%是 H_2O，也就是水。

你身體裡有什麼？

碳原子

碳是組成你身上的肌肉、脂肪、蛋白質和DNA的主成分。與組成鑽石的成分是一樣的。

你的身體是由很多小零件組合而成*。

- ☐ 一副頭蓋骨
- ☐ 一顆大腦
- ☐ 一個心智
- ☐ 一隻猴子
- ☐ 一個唧筒類的東西(心臟)
- ☐ 一個可呼吸的東西(肺)
- ☐ 一個肝
- ☐ 一具方向盤
- ☐ 兩顆腎
- ☐ 一具引擎
- ☐ 十根手指(包括拇指)
- ☐ 十根腳趾
- ☐ 一條舌頭

- ☐ 兩片派餅
- ☐ 一匹馬
- ☐ 一條長長的腸子附著很多凸起的東西
- ☐ 一個屁股
- ☐ 一個備用的屁股
- ☐ 一些私密的部位
- ☐ 兩條腿
- ☐ 兩條手臂
- ☐ 另外七條腿
- ☐ 一大塊乳酪
- ☐ 幾根腿骨
- ☐ 眼睛(兩隻)
- ☐ 嘴唇(兩片)

*這張表上有些項目不是非常精確啦。

你是脊椎動物。
所有動物中只有2％是脊椎動物，所以你非常**稀有**。

脊椎動物演化出超棒的大腦、神經系統和骨骼，
而你的大腦又是動物界裡最棒的之一。

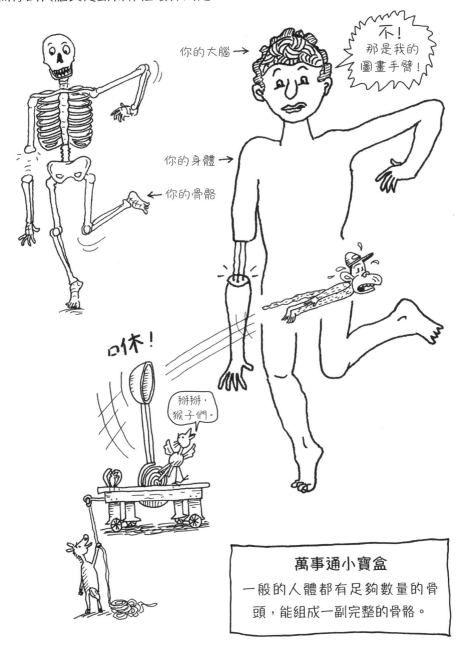

只是提醒一下啦，
宇宙是一切的事物，包括你周圍、你外面，還有
你本身……

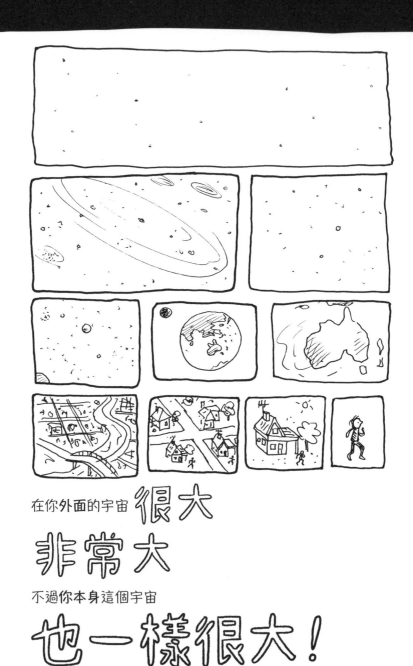

在你**外面**的宇宙 **很大**

非常大

不過你本身這個宇宙

也一樣很大！

引力、摩擦力、磁力，以及把宇宙凝聚起來的一些科學定律都在你的身體上和身體裡作用著。同樣的還有電力、不斷變動的物質狀態、分子彼此結合和分解的化學作用……
持續在你身上發生。

相對於構成你身體的那些微小物質，
你很……

巨大

即使你本身的這個宇宙

極度的 小！

組成你身體的最小單元，
那些你知道也叫得出名稱的部分，
我們得用效果最好的顯微鏡
才觀察得到。

而即使是最簡單的生物，
它的體內也是很精采的大千世界。

對於由各種分子組合而成的細胞來說，
你是**一整個宇宙**，
這些分子大約是由
7,000,000,000,000,000,000,000,000,000個原子組合而成，
這些原子又是由**更多的**次原子粒子組合而成。

而且別忘了，你體內的每一個原子都有數十億年的歷史，
你的氫原子早在**大霹靂**的時候就創造出來。

小鳥，我們往下走的
這條管道是什麼啊？

小鳥，你有沒有縮小
任何乾草給我吃？

親愛的小馬，
這是基本常識啊。

小鳥和小馬縮小到像
一顆豆子那麼小，出發去
探索人體的奧妙。

可以／不可替換的部位

如果你失去一條手臂或一條腿，
你的身體還是可以運作，
但是缺少心臟或肺部就不行了。

如果你替換那些器官，
就得要有人把**他們的**器官捐給你。

醫師可以用一些裝置來代替身體部位的功能，
像是**心律調節器**，幫助心臟順利跳動。
或者用體外的機器來清洗血液，
平常這是腎臟負責的事。

你絕對**無法**
替換你的腦袋。

小鳥，你覺得
我的圖畫怎麼樣？

小馬，不要吵我啦，
我正在畫畫！

小馬的圖畫
用人體器官建造的巨無霸噴射客機

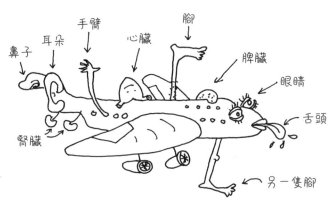

鼻子　耳朵　手臂　心臟　腳　脾臟　眼睛　舌頭　腎臟　另一隻腳

萬事通小寶盒

我們建造一般的飛機時，完全沒有用到人體的部位。但是「人造肢體」
所採用的材料，正是用在飛機上的那些質輕且堅固的金屬、塑膠和碳
纖維。此外，目前正研究用「3D列印」製造替代的細胞，甚至替代的器
官，將來有一天，如果我們的身體需要修復，就會容易多了。

蜥蜴能夠再長出尾巴，蠑螈甚至可以重新長出部分的大腦。**我們**只有一些部位可以再生，像是皮膚，以及肝臟的一部分，但如果完全損失這些器官，是無法再生的。不過假如我們失去肺臟的**一部分**，依然可以存活，只是無法像以前那樣呼吸。

你的大腦和脊髓
構成了**中樞神經系統**。

稱為「神經衝動」的訊號，
會在全身四處傳遞，
也沿著脊髓在身體和大腦之
間傳遞。
神經細胞（或稱為**神經元**）
負責傳送並接收電訊號。

樹突

樹突：
從其他細胞
接收訊號

細胞體：
維持細胞的運作

細胞核：
控制整個神經元

軸突：
將訊號送往
其他細胞和器官

細胞體

軸突　細胞核

大腦

額葉：
思考、學習、
行為和運動

頂葉：語言和觸覺

枕葉：視覺

你的大腦是由
兩個半球所構成。

小腦：平衡和協調

顳葉：
聽覺、記憶和各種感覺

腦幹：
呼吸、心跳和溫度

就連**疼痛**其實也是一種電訊號，
它通常是一種警告，
顯示某件事不對勁，
但這對每個人來說不太一樣。
而確實有一些人**無法**感覺到疼痛，
有些人則一直覺得疼痛。

如果你有感覺到這個
就告訴我！

肌肉 vs.脂肪

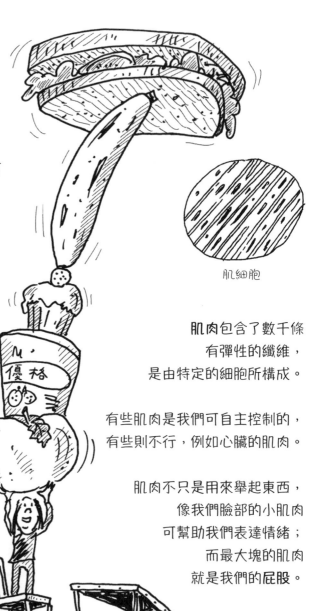

脂肪細胞

你可能認為
肌肉很好,
脂肪就不好。

不過**脂肪**對你的身體具有
緩衝和保護效果,
而且讓你保持溫暖;
脂肪也執行重要的任務,
像是儲存維生素和能量。

覓食在以前
是很**困難**的事情,
如果有一段時間
都沒有東西可吃,
你會很感激
身上有脂肪。

骨骼肌拉動骨頭,
讓骨頭活動起來。

心肌負責
心臟跳動運作。

在你的內臟器官
周圍有**平滑肌**。

肌細胞

肌肉包含了數千條
有彈性的纖維,
是由特定的細胞所構成。

有些肌肉是我們可自主控制的,
有些則不行,例如心臟的肌肉。

肌肉不只是用來舉起東西,
像我們臉部的小肌肉
可幫助我們表達情緒;
而最大塊的肌肉
就是我們的**屁股**。

肌腱連接肌肉
和骨骼。

小鳥!!繪者搞錯
我的身體部位了!

「演化失敗」

你現在可能不需要儲存大量的脂肪,
而且你也不需要像古代人類一樣
維持結實又健壯的肌肉。

而我們身上還有其他部位
更沒有用處。

闌尾懸掛在小腸和大腸之間,
以前可能曾經有用吧。

那就一直
轉圈圈,
直到你搞清楚
為止吧。

我不知道自己
要往前還是往後。

但現在沒有太大的用處了*,
除了偶爾爆開,
必須由醫師開刀把它切掉。

我們脊椎末端的小塊骨頭
最沒有用處了,
那是我們古代祖先尾巴的殘留痕跡。

萬事通小寶盒

還有一大堆很酷的能力是我們缺乏的。人類或許會製作和判讀地圖,但鴿
子的腦部有個區域可以感應地球的磁場,用來定位導航;蛇類的眼睛和腦
具有可偵測熱度的構造,就好比紅外線攝影機,所以牠們可在夜間狩獵;
蜜蜂可以探測環境中的電場,引導牠們找到花朵;以及海豚和蝙蝠運用稱
為**聲納**的聲波束,能夠「看見」周圍的東西,
即使在黑暗的水域裡也沒問題。

*譯註:近年來科學家認為闌尾與免疫和部分消化功能有關,但確實不是必要的器官。

你的大腦是老大

人類的**說話**和語言是很複雜的，會運用到大腦中很多不同區域。
實際發出聲音的是你的**喉頭**，
但左腦額葉上的一小塊腦區，負責把你的想法轉變成言詞。

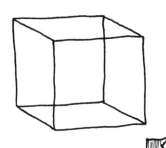

大腦中的各個不同部位，
負責理解各種感官所傳遞的訊息。
而眼睛和大腦之間必須
特別快速的溝通。
視錯覺是指大腦在視覺上
被欺騙或迷惑的現象。

注視這個方塊20秒。看起來是
哪一個面在前方呢？大多數人會
覺得前後兩面一直換來換去。

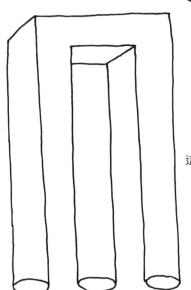

這張圖令人非常困惑。
這樣有道理嗎？
不太對勁喔。

害我頭好痛。

你害我背痛啦！

人類的大腦相當大，
一般大約有1.5公斤重。
不過，腦的大小並不是人腦與眾不同的原因，
沒有人確切知道關鍵是什麼。

視覺是你的超級感覺，
你的**眼睛**實在很奇妙。

虹膜是有色彩的部分，
　而**瞳孔**負責控制進入
　　眼睛的光線量。

光線穿過**任何**曲面透
　鏡時，會讓所產生的
　影像上下顛倒。你的
　眼睛裡也產生這種現
　象，但你的聰明大腦
　　會解決這個問題。

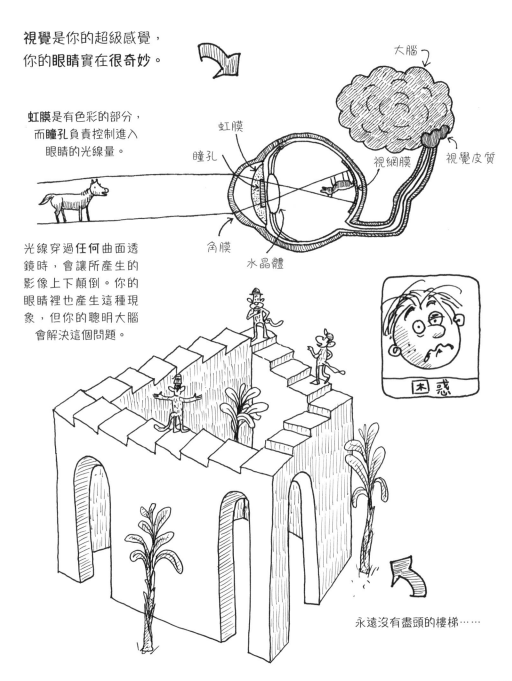

大腦

虹膜

瞳孔

視網膜

視覺皮質

角膜

水晶體

困惑

永遠沒有盡頭的樓梯……

感覺上……

像一匹馬

你做有趣的事情時，
大腦會釋放一些
稱為**神經傳導物**的化學物質。
那些物質讓你覺得心情好，露出微笑。

開心

生氣

憤怒和恐懼
其實沒有那麼不一樣。
有一種特定的神經傳導物質
與這些感受有關。

當你面對危險時，所產生的本能反應是
戰鬥、逃跑或僵住。
人們從前被原牛窮追不捨時，
這是**非常**有用的反應。

你的呼吸變快，
你的心跳加速，
你所有的感官都提高警覺，
你所有的力氣都用來
幫助你活下去。

不妙的是，這種反應有時發生在
你並**沒有**處於可怕危險情境的時候，
那麼，我們就稱之為「恐慌」或「心理壓力」。

你的大腦做了**一大堆**你自己不知道的事。

腦幹負責執行一些**必要的**任務，
像是呼吸、吞嚥、心跳速率，
以及**意識**。

有意識是指感知到一些事，
並且對那些事做出反應。

在睡眠的時候，你沒有意識，
不過你有可能還是會夢遊。
而且你的身體依然非常忙碌，
進行生長、修復、儲存記憶，
以及做夢⋯⋯

海豚每次只有
半邊的大腦進入睡眠，
所以牠們可以
在睡覺時持續游泳。

馬兒是站著睡覺，
以防止成為被盯上的獵物。

而鳥類睡覺時是棲息在樹枝上，
牠們的腳緊扣住樹枝，所以不會掉下去。

上面說的這些絕技，很可惜我們全都不會！

關於我們的 **一切事物**

甚至是我們的想法、感受和個性，
全都是因為我們腦中的化學反應和電訊號而產生，
想到這裡，是不是覺得很奇妙？

有時夢境顯得好具實，彷彿你具的看到、聽到、摸到、嚐到和聞到。而在清醒的時候，體驗生活的方式也不是人人都一樣。

聽覺是我們第二敏銳的感覺，僅次於視覺。
聲音的振動傳入你的**耳朵**，沿著**耳道**前進，
然後讓你的**鼓膜**跟著振動。

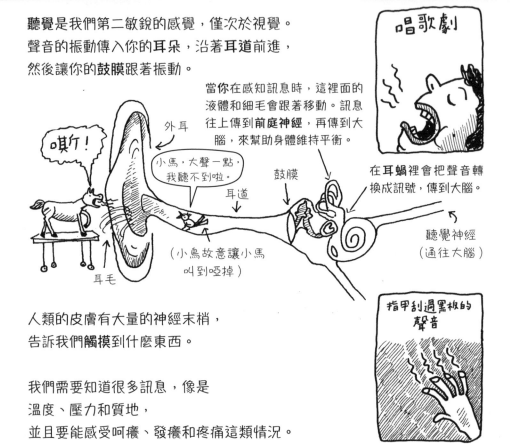

唱歌劇

當你在感知訊息時，這裡面的液體和細毛會跟著移動。訊息往上傳到**前庭神經**，再傳到大腦，來幫助身體維持平衡。

外耳

嘿了！

小馬，大聲一點，我聽不到啦

鼓膜

在**耳蝸**裡會把聲音轉換成訊號，傳到大腦。

耳道

聽覺神經
（通往大腦）

（小鳥故意讓小馬叫到啞掉）

耳毛

人類的皮膚有大量的神經末梢，
告訴我們**觸摸**到什麼東西。

指甲刮過黑板的聲音

我們需要知道很多訊息，像是
溫度、壓力和質地，
並且要能感受呵癢、發癢和疼痛這類情況。

溼答答小狗的氣味

萬事通小寶盒

很多動物之間的交流都是透過稱為**費洛蒙**的化學物質，這些化學氣味可以表達**很多**訊息，這正是小狗在樹幹留下「尿尿訊息」的原因，也是螞蟻留下蹤跡來為其他同伴指出食物位置的方法。大部分動物的費洛蒙人類都聞不到，真是謝天謝地。我們也有費洛蒙，但沒有那麼常用。

有些人的基因顯示，他可以嘗到或聞到一些別人無法感受的味道。每個人的狀況都不太一樣。你的眼睛構造可能運作良好，但是你的大腦處理視覺的部分卻可能不太好。如果你有**聯覺**的狀況，那麼當你聽到某種聲音時，可能同時也看見了顏色，原因是你有兩個以上的腦區與某種感覺都有連結。

我們的鼻子會接收空氣中的細微粒子，而產生嗅覺。
跟其他動物比起來，例如鯊魚，
人們的**嗅覺**並不是很靈敏。
鯊魚不是用鼻子呼吸，
牠的鼻子是百分之百的嗅覺機器，
鯊魚的腦區大約有三分之二與嗅覺有關。

不過，大部分的人都沒有意識到
嗅覺對他們來說有多重要。

※ 見下方解答

你的舌頭上面大約有1萬個微小的突起。
那些是**味蕾**，
讓我們可以辨認鹹味、苦味、酸味、
甘味和甜味。

但是，如果把味覺、嗅覺和觸覺結合在一起，
味覺會顯得更強烈。

※ 戴帽子的大鯊魚答對了。超臭新鮮乳酪是1號。

皮膚很酷

你的皮膚外層是防水的，
保護了內部所有溼溼軟軟的部分。

如果你是用紙板做成的，就不能做這些事……

你不能沖澡，

不能在泳池裡游泳，

也不能喝奶昔。

你的皮膚質地與其他動物的不一樣，
厚度只有大約4毫米，
而有些鯨類的皮膚厚達35公分。

你的脫皮只有小小片，
不像蜘蛛是一次脫掉全身外皮。

你的皮膚細胞會製造一種稱為黑色素的化學物質，
因此決定了你的皮膚顏色。
但章魚的皮膚可以配合環境中任何顏色而變化，
儘管牠是色盲。

人類的皮膚很擅長流汗，
雖然會產生汗臭味，
不過這非常有用。
流汗能冷卻體溫，於是你不必像其他動物
一樣喘氣散熱，或者在泥巴裡打滾。

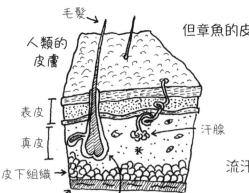

毛髮

人類的
皮膚

表皮

真皮

汗腺

皮下組織

肌肉層

毛囊

獨特的腳和好用的手

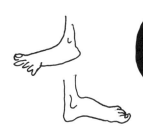

我們或許不具備動物界裡最敏銳的感官，
不過我們擁有**最神奇的雙手**。

你能夠緊握拳頭和牢牢的抓握東西，
你的靈巧手指可以做非常精細的事情，
像是書寫、縫紉和製作器械。
手指也可以鍛鍊得強而有力，
有些雜技演員，光憑他們的手指
就可以支撐全身達到平衡。

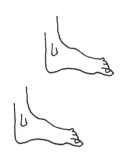

以兩條腿行走是很**難**的。
你的耳朵、眼睛、肌肉和大腦都必須
彼此不斷溝通，用兩腳支撐的身體才能達到平衡。

你短短的**腳趾**，正適合用來跑步，
而且腳踝處的特殊脂肪能保護雙腳的骨頭。
如果我們的祖先不曾以兩隻腳走路，
我們就不會演化出雙手了，
因為我們會需要雙手幫忙走路。

萬事通小寶盒

我們的手包括一個大拇指和相對的四根手指。無尾熊的雙手和指頭與人類的非常相似，但牠手指上面是爪子，不是平坦的指甲。一般來說只有靈長類有雙手，但靈長類的雙腳通常也像雙手一樣能夠做事。有些動物用尾巴抓握，有的用腳掌、爪子，猛禽則用鳥爪來抓東西。

毛髮、指甲和牙齒

動物的**毛髮**或毛皮愈厚，
而且含有**愈多油脂**，
保暖效果就愈好。
人類幾乎全身都有毛髮……
除了手掌和腳底以及眼皮和嘴唇之外。
想像一下有毛的嘴唇！

毛髮會脫落和重新生長，
最細的毛髮可以小到肉眼看不見。
男性會長鬍子，
就像小獅子長出鬃毛一樣。
可惜我們沒有長**觸鬚**，
那是具有特殊感覺作用的毛髮。

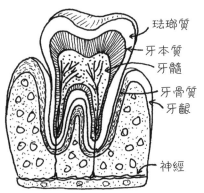

- 琺瑯質
- 牙本質
- 牙髓
- 牙骨質
- 牙齦
- 神經

毛髮、**指甲**（還有動物的角、爪和蹄）
全都是由「角蛋白」構成的。
動物的蹄是可以站立的指甲，
而爪子是長得彎曲又**銳利**的指甲型態。

牙齒的最外層
是你全身上下最**堅硬**的東西。
這層**琺瑯質**妥善保護了
牙齒內部有活性的部分。

人類是雜食動物，
所以我們具有食肉動物的牙齒，也有食草動物的牙齒。
平坦的臼齒碾磨食物；
尖銳的犬齒撕裂食物；
前面的門齒咬斷食物。

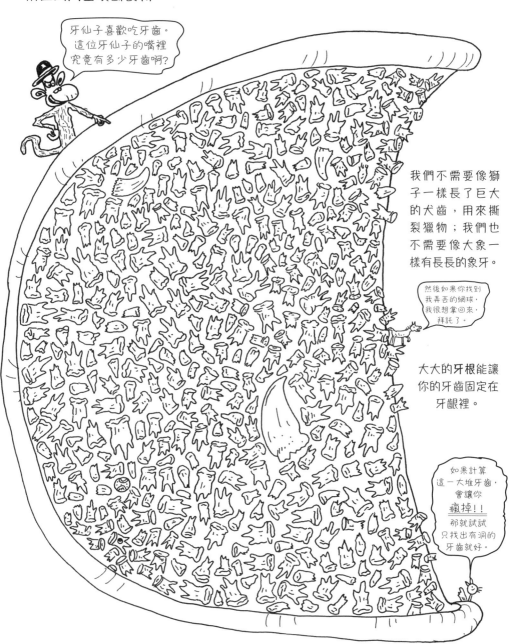

牙仙子喜歡吃牙齒。
這位牙仙子的嘴裡
究竟有多少牙齒啊?

我們不需要像獅
子一樣長了巨大
的犬齒，用來撕
裂獵物；我們也
不需要像大象一
樣有長長的象牙。

然後如果你找到
我弄丟的網球，
我很想拿回來，
拜託了。

大大的牙根能讓
你的牙齒固定在
牙齦裡。

如果計算
這一大堆牙齒，
會讓你
瘋掉!!
那就試試
只找出有洞的
牙齒就好。

各種系統、器官和組織

你已經知道，人體是由細胞所組成，不過你可能不了解細胞到底有多小。而且人體可不是一大堆細胞黏起來組成一團人形。

你的細胞先組成**組織** (tissue，不是你擤鼻涕的衛生紙啦)。

細胞　　　　　　組織

一些組織再構成**器官** (organ，不是你彈奏音樂的管風琴啦)。

然後好幾個器官組成你身體的**系統**。

「音樂的器官」
Organ
是管風琴的英文

 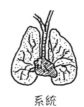

脾臟

系統　　　　　　　　　器官

萬事通小寶盒

人體的主要系統包括循環系統、消化和排泄系統、內分泌系統、皮膚系統、免疫和淋巴系統、肌肉系統、神經系統、泌尿系統、生殖系統，呼吸系統，以及骨骼系統。它們通力合作，讓我們維持健康與活力。

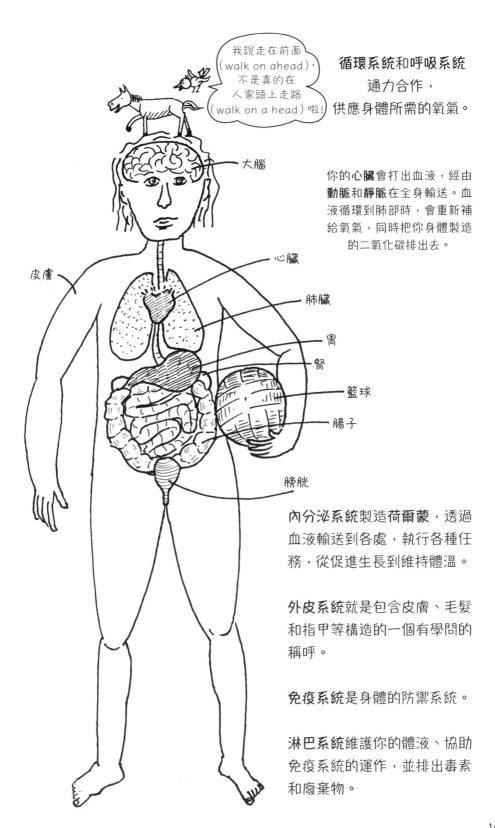

我說走在前面 (walk on ahead)，不是真的在人家頭上走路 (walk on a head) 啦！

循環系統和呼吸系統通力合作，供應身體所需的氧氣。

你的心臟會打出血液，經由**動脈**和**靜脈**在全身輸送。血液循環到肺部時，會重新補給氧氣，同時把你身體製造的二氧化碳排出去。

大腦

皮膚

心臟

肺臟

胃

腎

籃球

腸子

膀胱

內分泌系統製造**荷爾蒙**，透過血液輸送到各處，執行各種任務，從促進生長到維持體溫。

外皮系統就是包含皮膚、毛髮和指甲等構造的一個有學問的稱呼。

免疫系統是身體的防禦系統。

淋巴系統維護你的體液、協助免疫系統的運作，並排出毒素和廢棄物。

便便和尿尿

有什麼比便便和尿尿更有趣的呢？
完全沒有！

你的消化和排泄系統很好玩喔，
而且你的泌尿系統也相當有趣，
不過你可知道它們怎麼運作？

食物進去 →→ 便便出來

蠕蟲的消化和排泄系統是一條長長的管道，
食物從一端進去；便便從另一端出來。
但蠕蟲沒有牙齒，所以牠們有**砂囊**，
牠們吞下石頭，在砂囊裡面把食物磨碎！

食物進去 → → 便便出來

腎臟

來自身體的
血液流入

把乾淨的
血液送回
身體　　　廢棄物送去膀胱

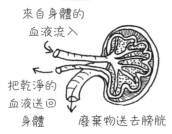

狗狗有牙齒，而牠們的消化道更複雜，
不過**概念**其實大同小異。
其實人類也是一樣啦……
食物進去，便便出來。
在這個過程中，有些器官吸收
食物中的**營養**（有用的成分），
其他器官則把毒素和廢棄物
排出我們體外。

腎

膀胱

排出尿尿

你的腎臟非常重要，所以你有兩顆腎臟，
它們過濾血液，製造出尿液，也把不好的廢物排出體外。

通往胃部的旅程可沒那麼簡單。

食物經由牙齒咀嚼後，
沿著長長的管道向下送往胃腸。

整個通道稱為**消化道**。

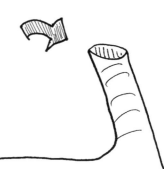

胃部會攪拌食物，
並加入消化液，把食物處理得容易消化。

有益的細菌開始工作。
食物變成濃稠的糊狀，稱為**食糜**，接著進入小腸。

從你的**肝臟、膽囊和胰臟**分泌出的膽汁和各種酵素，
在小腸裡消化食物，然後把營養小分子吸收到血液裡，
包括胺基酸、脂肪酸、單醣、維生素和礦物質。

到了大腸，絕大部分的有益物質
都被吸收到血液裡，包含水分。

剩餘的固體物質，例如纖維素，則儲存在大腸的最後一段。
猜猜看**它們**是什麼，對啦……

便便

不過，一顆漢堡是怎麼轉變成能量，進而成為肌肉，以及讓我們
身體順利運作的化學物質呢？

人如其食……

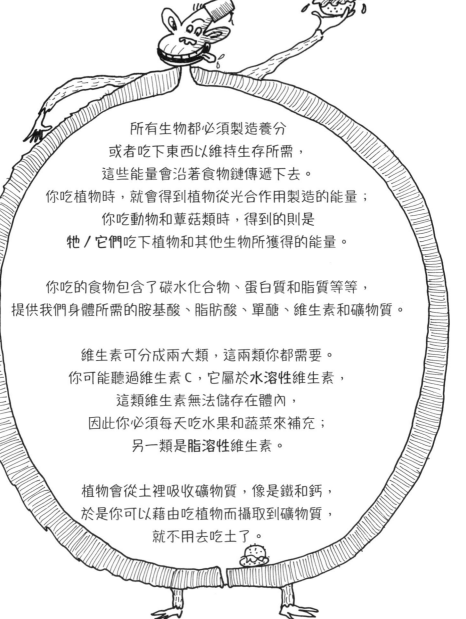

所有生物都必須製造養分
或者吃下東西以維持生存所需，
這些能量會沿著食物鏈傳遞下去。
你吃植物時，就會得到植物從光合作用製造的能量；
你吃動物和蕈菇類時，得到的則是
牠／它們吃下植物和其他生物所獲得的能量。

你吃的食物包含了碳水化合物、蛋白質和脂質等等，
提供我們身體所需的胺基酸、脂肪酸、單醣、維生素和礦物質。

維生素可分成兩大類，這兩類你都需要。
你可能聽過維生素 C，它屬於**水溶性**維生素，
這類維生素無法儲存在體內，
因此你必須每天吃水果和蔬菜來補充；
另一類是**脂溶性**維生素。

植物會從土裡吸收礦物質，像是鐵和鈣，
於是你可以藉由吃植物而攝取到礦物質，
就不用去吃土了。

你也需要大量的水分。你的身體每一部位都需要水分才能正常運作，而你其實不斷在流失水分，因為進行了呼吸、流汗、消化食物，以及看到一顆漢堡而流口水。

食物所含的**碳水化合物**提供我們能量，它們是天然（大多數）而不甜的**醣類**。

脂質讓我們獲得**脂肪酸**，可用來儲存能量和養分（例如脂溶性維生素）。它們可協助蛋白質發揮功能。

我們身上有兩個地方可儲存多餘的能量，短時間內儲存在我們的肌肉裡，長時間沒用到則轉變成脂肪儲存起來。萬一你遇到沒有食物可吃的狀況，身體的能量可讓你撐幾個星期，但是你只能有幾天不喝水。

蛋白質是最厲害的營養成分。你的體內有1萬多種不同的蛋白質。

細胞裡**大多數**的成分都是由蛋白質所組成。蛋白質還可以攜帶訊息，以及攜帶其他分子，像是氧氣。細胞製造出的蛋白質類型，決定了它所執行的任務。

萬事通小寶盒

食物分成健康的和不健康的。有好的醣類和脂肪，也有不好的醣類和脂肪。愈天然的食物，對你的身體愈有幫助。不過呢，有些食物帶有細菌或毒素，或者本身是**過敏原**，你吃了之後身體會起過敏反應。

還記得這些噁心的東西嗎？
它們會害你生病，
說不定甚至害你送命。

病毒是非常微小的顆粒。

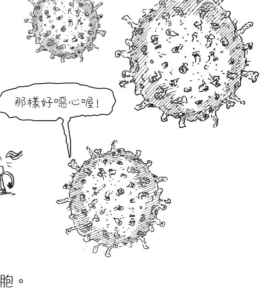

那樣好噁心喔！

有些病毒的基因是由 DNA 構成，
有些則是 RNA。

哈一啾!!

病毒利用你的細胞進行繁殖。
它們強迫你的細胞
一次又一次複製出更多的顆粒……
最後病毒**衝破**細胞，開始攻擊其他細胞。

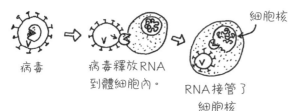

細胞核

病毒　　病毒釋放 RNA
　　　　到體細胞內。

RNA 接管了
細胞核

新的病毒顆粒
釋放出來，
細胞被摧毀。

病毒利用細胞製造
出更多病毒。

於是你的身體努力運作，
想把病毒阻擋在外。
鼻涕和鼻毛會卡住
灰塵和病菌。

你的鼻涕流進胃裡，
而胃酸和益生菌
可以把病菌解決掉。

口水可以殺死你嘴裡的病菌。
而且鹹鹹的**眼淚**可以把
眼睛裡的灰塵或病菌沖洗出去。

高溫有可能殺死病毒，肥皂也有可能藉由破壞病毒外殼的脂質層來殺死病毒。大多數的病毒無法在宿主細胞之外的環境存活太久的時間。一旦你的身體對抗過病毒，你可能就具有**免疫力**，這正是疫苗接種的原理，疫苗教你的身體要怎麼對抗之前沒有遇過的病毒。

生病時所有不舒服的狀況，
絕大部分是因為你的身體想要幫上忙。

你的免疫系統讓你體溫上升，
努力對抗病菌，
怪的是，這樣會讓你覺得**畏寒**而全身發抖，
不過，非常嚴重的**高燒**也讓你陷入險境。

那只是流鼻水喔，小馬，對你有好處。

鼻涕愈多，就能排掉**更多**的病菌，
正因如此，你的喉嚨疼痛又腫脹，
而且鼻水流個不停。
於是你打噴嚏和咳嗽，
想把鼻水排出去。

小鳥的嘔吐物

小鳥

嘔吐很可怕又噁心，
通常那是你的消化系統
試圖擺脫有害的東西。

就連**腹瀉**也是你的身體在清理不好的東西，
那樣多半有用，讓你覺得身體好多了。

萬事通小寶盒

有時候，病毒會對身體造成很大的傷害，容易讓壞細菌趁機侵入體內，這時你需要**抗生素**。抗生素**不能**殺死病毒，也不能讓你很快恢復，它只能對付細菌。確實有些藥物能對付某些病毒，稱為**抗病毒藥物**，雖然它們不能殺死病毒，而是阻止病毒攻擊你的細胞，但結果幾乎一樣的好。

我的翅骨斷掉了!!

超級英雄系統

紅血球帶著氧氣跑遍你全身,而白血球負責對抗感染,
血小板則是你的血液裡一種特殊的細胞。

如果你因為某種原因流血了,
血小板會衝過去救援。
它們凝結在一起,形成血塊阻止出血,
血塊會在你的皮膚上轉變成痂。

膝蓋擦傷!
膝蓋正在流血!
身體要怎麼
修復傷口呢?!

膝蓋流出的血泊

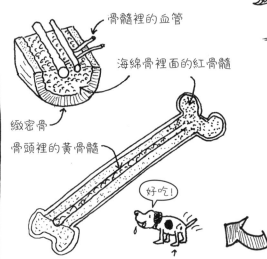

骨髓裡的血管

海綿骨裡面的紅骨髓

緻密骨

骨頭裡的黃骨髓

好吃!

狗

新的皮膚細胞長出來之後,
結痂便會掉落。

瘀青就是
你皮膚底下的出血。

你的身體也可以修復骨頭,
骨折處周圍會產生血塊。

然後產生一種稱為骨痂的骨骼組織,來加強骨頭結構,
骨痂會讓骨頭癒合在一起。

蚊子咬你時，會吸你的血，
牠會一邊注入唾液，讓你的血液不會凝結！

在蚊子叮咬處周圍的細胞
會釋出**組織胺**，
這個分子會召來更多血液和白血球，
因此你可能產生又紅又癢的腫包。
不過，如果你的身體反應過度，
就稱為**過敏**。

你可能需要吃一種藥，
叫做**抗組織胺**。

你的身體無法分辨外來的東西是**好的**還是**壞的**，
只知道那個東西原本不該存在。
因此，即使你很**需要**一個外來的替代器官，
你的身體卻可能會排斥它。

絕對禁止做為餐點

有毒物質會攻擊
你身體的正常運作。
它們可能攻擊你的神經系統，
或者阻止你的細胞正常修復，
或者損傷你的肝臟和腎臟，
因為肝臟和腎臟會努力把不好的東西過濾掉。

也是不建議食用

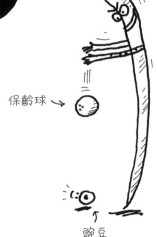

發芽的豆子
正在射擊

壞壞的豆莢！

保齡球

豌豆

怪怪身體
小知識

我們用自己的感官來判斷食物究竟能不能吃。
過期的食物會發臭，
所以我們出於本能知道那是**不好的食物**。

人們如果沒有經過教導，
並不懂得築巢或織網，
不像其他動物
天生就會進行某些複雜的行為。
人類只有一些基本的**反射行為**，
像是我們一出生就能夠抓握東西。

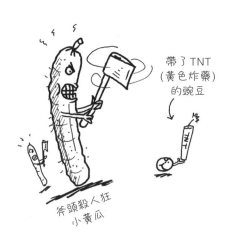

帶了 TNT
(黃色炸藥)
的豌豆

斧頭殺人狂
小黃瓜

你可知道，就像紅鶴一樣，
如果你吃了一大堆β胡蘿蔔素，
你的皮膚就會變得橘橘的嗎？
這是紅蘿蔔和南瓜裡的成分。

蘆筍會讓你的尿尿聞起來很微妙。
還有甜菜根和一些莓果
可以讓尿液變成**粉紅色**。

然而，吃下大量的糖
不是真的讓你變得比較有活力，
你只是**很興奮**！

大包裝
的
糖

你的白血球真的會「吃掉」病菌，
也會吃掉有害的細胞和死掉的細胞，
膿汁就是這樣來的。
如果你擠破一顆青春痘，會讓
新產生的傷口沾染到額外的細菌。
膿汁並不噁心。噁心的是你啦！

我要跑去你的睫毛了。

← 睫毛蟎

蟎是微小的節肢動物。
塵蟎會吃死掉的皮膚細胞，
而房子裡到處都散落這些細胞。
讓你打噴嚏的原因
是因為對塵蟎過敏，
不是灰塵喔。

大多數的蟎類生活在
人類的皮膚上，讓你覺得很癢。
不過有些蟎是透明的，
而且非常細小，不會造成什麼麻煩。
很多人甚至沒**發現**
他們有睫毛蟎。

雞皮疙瘩是體毛周圍的微小肌肉收縮所產生的現象。在以前很有用處，這會讓毛髮豎立起來，通常發生在覺得寒冷或害怕的時候。

打嗝是**橫隔膜**發生痙攣的現象，橫隔膜是你呼吸時運用的肌肉，剛好位於胃的上方。你會打嗝，通常是因為你的胃太脹了。

辣椒含有一種化學物質
叫做**辣椒素**，會刺激
你嘴巴裡偵測熱度的神經。

辣椒欺騙你的大腦，
讓你以為你著火了。
辣椒對哺乳類有這種作用，
對鳥類則沒有。

這種作用也會欺騙
皮膚的神經，
還有你的眼睛。
所以千萬別亂摸！

整桶辣椒

哦，小鳥你看，
是給馬吃的食物。

馬食

那些猴子這次
真的做得
太過火了！

笨馬！

哈！ 哈！ 哈！ 哈！

你的身體既奇怪又奇妙，
給你造也造不出這樣不可思議的身體。

5

我們創造的世界

你很聰明喔！

所謂的**發明**，是指某個人製作或設計的全新東西。
所謂的**發現**，則是指第一次找到了自然界原有的某件事物。

人們發現了火，這是當然的，因為火存在自然界當中。
不過**生火**則是一項發明。

時間回到人類演化為「智人」之前，
有人拿起兩根樹枝，彼此搓動，
運用摩擦的力量造成燃燒現象。
所以現在我們有好多發明
也都仰賴燃燒作用，
像是汽車和噴射機的引擎。

你現在知道，
所有聽起來很炫的科學名詞
都是為了要解釋事物是怎麼運作的。

但好幾千年前，
沒有人知道這些事，
因為還沒有人好好思考過。
即使如此，人們也已經**相當**聰明。

洞穴很好！

有火更好。

我發明了運動鞋。不客氣。

舉例來說，4000年前，
中美洲有某個人
發明了橡皮筋和橡皮球，
甚至還有橡膠鞋。

他們用樹液和一種藤蔓的汁液，
製作出最早的橡膠。
因此，現在我們有汽車輪胎、橡膠雨鞋和運動鞋。

許多新發現促成了新發明，而一項發明又曾促成另一項發明。
發明家會運用他們所知的化學知識和物理法則，
像是摩擦力、電力、磁力和重力。

你有沒有聽過**熱塑性樹脂**？
古代的澳洲人也沒聽過，
但不管怎樣，這個是他們發明出來的。

他們用一種草所分泌的物質，
製作出很有效的防水黏膠。
甚至可以把石製的矛尖
黏到木頭上。

因為有了許多發現和發明，
加上人們能夠溝通交流，
也可以彼此通力合作，
於是，人類的小型聚落漸漸變成大型聚落。

大約4000年前，
有些**社會**擴張壯大，成為**帝國**。
這表示他們統治了其他社會。

就連現在，較強盛的國家也依然試圖
透過戰爭和貿易來建立帝國。

萬事通小寶盒

社會是生活在同一地區的人們所組成的大型群體，擁有共同的領導者和
語言，也有相似的文化和宗教信仰。一個社會裡共有的事物包括政府和
教育系統，而這個社會裡的家庭群體和宗教，可能與其他社會不一樣。
有些社會具有更為多元包容的文化。

點子也是一種發明

大約6000年前，中東地區的人開始把一些基本符號用於真正的書寫。他們把符號寫在溼潤的黏土上。大約在同一時代，埃及人創造出**象形文字**，但在那之後，他們還發明出同樣很重要的東西……

……某一種紙！

莎草紙是一項重大的發明，
它是用紙莎草做成的，很輕巧也便於存放，
而且比黏土、木頭或動物的外皮更容易書寫。

然後，大約3500年前，有一群聰明的商人
發明了**字母**，他們是「腓尼基人」。

字母很容易學習，因為每個字母
代表的是**聲音**，而不是整個字。
你可以用各種方法組合這些字母，寫出**任意**的文字。
所以就不需要學習**好幾千種**符號了。

A：AARDVARK（土豚）

大約2000年前，
中國人發明出紙張。

不過我們要等到西元1440年
才能方便的印刷整本書。

有一位德國人名叫
約翰尼斯·古騰堡，他發明了用金屬打造的「活字」，
可以在框架上放置一個個字塊，也能重新移動排列，
每一頁都可以用印刷機印製很多次。
而現在，當然我們有了電腦來幫忙！

小鳥，我很高興現在的書本不是用動物的外皮來製作。

我也是！小馬，他們以前用鳥類的羽毛來寫字耶！

多虧有書寫、字母、紙張和印刷設備，你（幾乎）可成為
「萬事通教授」。現在你也有一兩件事可以教你的老師！

受過訓練的忍者老鼠

學生

數學是另一項最**有影響力**的人類發明之一。

數學促成了大多數的科學知識和發明。
很多古代的數字系統，是根據我們的十根手指頭而來。
但是大約在1500年前，印度的數學家發明了
位值和**零**的概念，讓每個人的生活變得更方便。

有了**十進位制**，要加總數量就輕鬆多了，
而且也能讓你查找這本書的頁數。

掌管世界

小鳥，我們為何不去環遊世界、征服別人呢？

好啊！我們出發吧！

當一個帝國變得愈來愈富裕，愈來愈強大，
就會發展出更複雜的政府和軍事制度。

他們不太友善的造訪世界各地，然後征服其他地方的人。

你可能曾經聽說
古代的埃及帝國或波斯帝國，還有希臘或羅馬帝國；
也許你知道秦朝或漢朝，或者維京人，
他們全都沒有存續下來。
一個帝國失去勢力後，會有另一個帝國取而代之。

不過，四處征戰的帝國，
也幾乎等於是創造了**現代世界**。

後來，歐洲人發明了船隻，
可以航向世界各地，
於是第一個**全球帝國**誕生了。

萬事通小寶盒

表示年代時，我們用 BCE「西元前」和 CE「西元後」來區分。「西元前」
有點像負數，舉例來說，西元前2000年，是指距今4000多年前。中世紀
的歐洲需要紀年的制度，而其中羅馬人發揮了影響力，所以西元前1年和
西元1年是出現在羅馬帝國時期，請注意沒有「0年」。
現代的紀年我們就用「西元」。

戰爭

綜觀歷史，人們為了
權力或金錢或土地彼此對抗，
有時則是為了宗教。
可惜戰爭不是用
派餅和爛水果來打仗。

赤裸並非粗魯

以現在來說，穿衣服是既定的原則，
不過並不是一直如此。
住在溫暖地區的人，
他們的文化中不需要穿衣服。
而古代住在寒冷地區的人，
只有為了保持溫暖和乾爽時，才會穿上動物的毛皮。

有時候穿衣服是必要的規定。
穿上特定的工作服，可防止人們在工作時受傷，
或者是有些人**必須**穿上統一的制服。

很多文化也有獨特的服飾，
這屬於他們的傳統習俗。

有時候，服裝就是
展現你自己的個人風格。

大約5000年前，
人們以羊毛紡織成**布料**；
還有棉花、蠶絲和竹纖維，
也都能夠編織或針織製成布料。

但是現代的布料，像是尼龍和聚酯纖維，
則是由塑膠製作而成，
它們稱為**合成纖維**。

早期的人類住在洞穴裡，

以及其他能夠遮風避雨的地方。

蓋房子！

但後來，人們開始
自己搭建遮風避雨的地方。

現代的建築是用混凝土、鋼鐵、
玻璃、磚塊和木材等材料來建造。
不過最早的房屋，是利用
人們身邊的天然材料搭建而成。

有時候是用樹木和樹皮搭建。
或者是用木頭框架、甚至鯨魚
骨頭做為支架，
撐起編織物或動物外皮。

加拿大的因紐特人
用一塊塊冰磚搭建冰屋，
冷風不會滲到屋裡去，
內部能夠維持溫暖舒適。

如今，人們可能是住進獨棟房屋，
或者大型的公寓大樓。

這不是國際太空站的
樣子……還不是啦！

或甚至住在「國際太空站」。

小馬，我把你賣掉可以賺多少錢？

小鳥，你真的會把我賣掉嗎？

不，她不會，但是我會！

或者拿你去交換美味的蒼蠅。

金錢和交易

準備出售

金錢，並非一直都總是銀行帳戶裡的數字，
或者是一張輕碰一下就可購物的卡片。
最初的時候，甚至也不是硬幣或紙鈔的形式。

還沒有錢幣的時候，人們用**以物易物的**方式。
如果你有某種技能，就可以用它來交換
你需要的某種東西，比如一隻雞，
一旦你有了一隻雞，就可以用雞蛋或小雞
去交換其他你所需要的東西。

不過，有些古代人想到一個聰明的點子。
他們為自己**需要的**東西，
像是鹽或牛隻，設定一個**價值**，
然後用它們去購買其他東西。
有些社會文化裡的共識，是使用貝殼，
或做了記號的石頭，或棍子上的切痕，
用來代表一定的價值。
等到出現大型的帝國，
人們開始用金屬打造錢幣。
從那以後，有一件事是不變的：
金錢的價值，是由這個社會共同認可而決定的。

人們以技能和時間來換取金錢，這就稱為**工作**，
你也可以製作和販賣東西。

而且，你可以用一個國家的**貨幣**去交換另一個國家的貨幣，
一元臺幣的價值，相當於一定數量的英鎊或日圓，
但交換的數量不會永遠**都一樣**，而是隨著不同時間發生變化。

世界各國彼此隨時都在買賣東西，
這稱為**全球貿易**。

生產一支手機所需的**原料**，是從世界各地
開採、回收或者製造而來。
然後在更多的國家，把各種原料
組合在一起，做成各種**零件**。
那些零件會被**運輸**到某個國家，
在那裡組裝完成。
然後手機將被運送到**各個地方**去銷售。
這便是一條**供應鏈**。

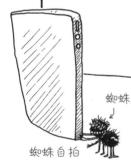

蜘蛛

蜘蛛自拍

手機 ↓

蜘蛛

萬事通小寶盒

當你購買海外的東西來自己使用或是販售，這稱為**進口**；如果你把東西
賣到海外去，則是**出口**。無論進口或出口，你通常都得繳**稅金**給政府。
不同的國家制訂了不同的稅額。稅金是人民有義務繳納給政府的錢，當
你賺到錢的時候，或有時你花了錢，都需要繳稅。

現今，食物是一門科學。人們發明了各種防腐劑、罐頭、玻璃瓶和真空包裝的容器，於是你可以儲存食物，再也不必挨餓了。

經過烹煮的食物，人體更容易消化，
而且加熱過程中能夠消滅壞細菌。
但像乳酪和優格之類的食物，
裡面則添加了有益的細菌。
另外，麵包膨脹起來，
是因為加入真菌所產生的作用，
它是**酵母菌**。

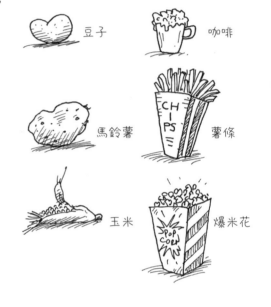

豆子

咖啡

馬鈴薯

CHIPS 薯條

我們也用塑膠品來包裝食物，
並添加化學物質，
改變食物的顏色、香氣和口感。

玉米

POPCORN 爆米花

以前植物是人們唯一可用的藥物。
不過呢……
從來沒有一位醫師開過爆米花或薯條的處方籤。

 番茄

Momma Janies 義大利麵醬

有些真的很嚴重的病症，
是因為飲食中缺乏
新鮮水果和蔬菜而造成。

 酪梨

酪梨沾醬

例如**壞血病**，
那實在太可怕了，
還是不要告訴你細節好了。
不要去查詢喔。

 辣根

 日式芥末醬*
WASABI

小馬，我找不到自己的頭耶

應該在派餅裡的某個地方吧，小鳥

*譯註：許多市售的芥末醬是辣根醬添加綠色素，
真正的哇沙米是用山葵研磨的。

以前差不多**每一件事**都會害你沒命。人們曾因為蛀牙和傷口感染而死掉，外科手術也都不安全；更別說應用掃描技術來看看體內哪裡出問題，而且也沒有疫苗可預防病毒感染。

你乖乖吃藥吧！

環境中有肉眼看不見的病菌，在人與人之間傳播。這種概念是在1362年，中東地區的一位醫師想出來的。但沒有人相信。

即使到了150年前，
醫師依然使用**水蛭**幫病人放血，
但他們不會把雙手洗乾淨。

最早發現的藥物是來自植物。
人們使用**鴉片**這種止痛藥物
已經有7000多年的歷史，它的原料是罌粟花。

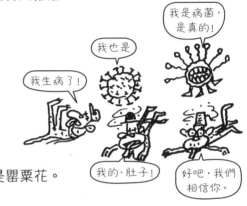

現在的藥品多半是在實驗室中製造出來的化學物質，
不過，世界上最重要的藥物，其實來自於意外發現的一種真菌。

1928年，有位非常忙亂（但是非常聰明）的科學家，
遺漏了一份細菌樣品，忘了收拾。
等他回來時，發現有一種黴菌正在吃細菌。

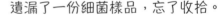

這種黴菌含有青黴素，也就是盤尼西林，
它是最早的抗生素，可用來消滅細菌。
盤尼西林拯救了**無數的**生命。

萬事通小寶盒

一個多世紀以前，有位法國人名叫路易‧巴斯德，他改變了所有人對病菌的認知。他把他的**病菌理論**應用在食物和醫藥上，發明了**巴斯德殺菌法**，牛奶經過這種低溫消毒方法處理後，還是可以安全飲用。另外，你還記得疫苗如何協助免疫系統對抗病菌，讓你不會生病嗎？
疫苗也是他發明的。

蛋的一生

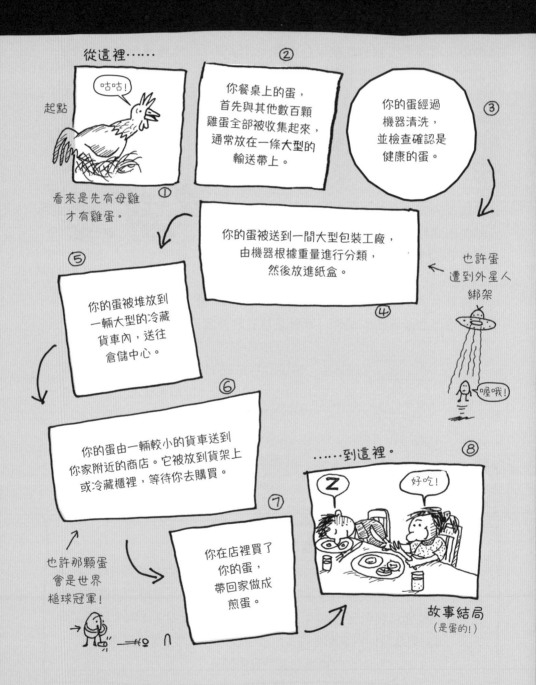

有些食物經過很長的路途才到達你手裡。食品包裝上都會清楚標示它是在哪裡製造的，但是你在蔬果行買的水果和蔬菜，很可能也是飄洋過海而來。

原料和物品

製作一個東西一定要使用正確的材料，不能用錯誤的材料。我們可以製作或發明出什麼樣的東西，端看運用的原料而定。

許多金屬和其他礦物儲存在**礦石**這種岩石裡，大部分要從地底下**開採**。接著必須加熱熔化礦石，才能取出有用的部分。

氫馬　酷喔。

鉛鳥

紙飛機　←腿

金屬物品閃亮又緻密。金屬可以導電與導熱，而且有些金屬具備磁性。人們用得最多的金屬材料是**鐵**，自從人們發現鐵的用途非常廣泛之後，生活便有了**大幅**的改變，那個時代稱為「鐵器時代」。

不過，鐵還可以和其他物質彼此混合，製作成**鋼**，讓材質更加堅實。

這種方式稱為「製作**合金**」。

你在**所有地方**都可以看到鋼，從首飾、用具，到大型機器，還有建築物的支架。

保齡球舌環

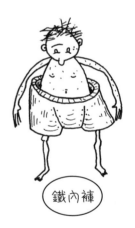
鐵內褲

用了**錯誤**材料製作的東西

鋼條是製作籠子的**正確**材料。 ——→

猴子來管理

不過，人們蓋房子用得最多的是**混凝土**，
它是**水泥漿**與石頭或沙子混合而成的，
混凝土乾掉以後會變得非常堅硬。
混凝土還溼溼的時候，可以把它灌注到
模子裡，塑造成各種形狀。
如果要讓混凝土更加堅固，
就要在裡面加入鋼筋。

玻璃是用沙子做成的。
當沙子加熱到極高的溫
度，會變成熔融狀態。
等到再度冷卻，就會變
成樣子完全不同，而且
非常管用的東西。

檸檬眼鏡

用脫脂棉建造
的公寓大樓

用人工化學材料製造的東西，不只是衣服，
塑膠主要由**化石燃料**製成，像是石油和煤。

塑膠非常好用，因為很堅固又防水，
而且，塑膠與金屬不一樣，塑膠不會帶電或導熱，
在你周圍找找看，可能就有一些塑膠製品。

汽車的零件、沙發和枕頭內的泡棉墊、
玩具和衣物、布料和地毯、
油漆、繩索和黏膠，全都是用塑膠做成的……

冰淇淋太陽

萬事通小寶盒

上述的材料全都不是**生物可降解**，也就是它們無法分解，因為那些英
勇的分解者，包括細菌、蚯蚓和蛆，無法吃這些材料，所以它們不會腐
爛。我們永遠無法擺脫它們，但絕對**可以**回收它們重新利用。

化石燃料

在古代，想要拉動、推動和舉起重物時，
是用人力和動物的力量。

馬匹、公牛和大象在這方面很有用處。
但時至今日，大象對我們沒有**那麼大**的用處了，
除了洗衣日以外。

洗衣機

我們現今使用的能源
大部分來自於化石燃料。

快樂洗衣日
大象

還記得嗎？
碳原子是你的身體和地球上
所有生命的主成分之一。

碳原子也是化石燃料的主成分。

萬事通小寶盒

化石燃料要耗費數百萬年的時間才能形成，因此我們最終會把煤、石油
和天然氣全部用光光。**再生能源**包含太陽能、風力、水力和生質能，這
就不會用光了。陽光、風和水是最佳來源，因為**不會**在空氣中增添有害
的化學物質；生物質仍然會被燒掉，不過人們**可以**製造出更多生物質，
像是木材，或是由動物脂肪或植物製成的可燃氣體或液體。

化石燃料是由氫和碳構成的。
煤是一種黑色的岩石,在遠古時代原本是
由樹木和蕨類組成的沼澤森林。

石油是一種黑色的液體,
在遠古時代原本是水底下的
細菌、藻類和浮游生物。

天然氣的主成分是甲烷,
是某些東西在地底下腐爛而產生的氣體。

地底下的這些東西,歷經數百萬年、
受到巨大壓力的作用,轉變成化石燃料。

同樣的過程也能形成**鑽石**,
不過,鑽石是純粹由碳原子所組成的結構。
跟煤比起來,你的鉛筆芯所用的**石墨**,跟鑽石的相似度更接近。

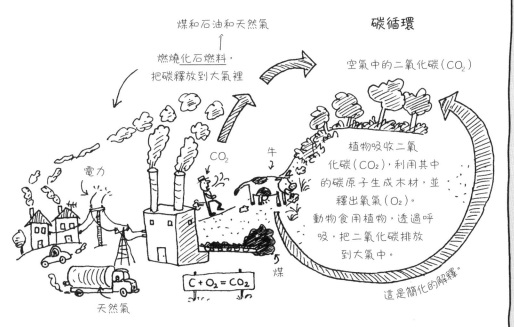

煤和石油和天然氣

燃燒化石燃料,
把碳釋放到大氣裡

碳循環

空氣中的二氧化碳(CO_2)

電力

CO_2

牛

植物吸收二氧
化碳(CO_2),利用其中
的碳原子生成木材,並
釋出氧氣(O_2)。
動物食用植物,透過呼
吸,把二氧化碳排放
到大氣中。

$C + O_2 = CO_2$

煤

天然氣

這是簡化的解釋。

「製造」能量

我們無法創造（或摧毀）能量。
請記住這個事實，
這很重要，
而且你說這句話的時候聽起來很**聰明**。

我們其實不是透過燃燒化石燃料
來「**製造**」能量。

我們是把一種能量
轉換成另一種能量。

當人們發現
燃燒是一種化學反應，
會以光和熱的形式**釋放出**能量後，
就發明了一些方法，
來把「熱」轉換成
使物體移動的能量。

而且，人們應用這個原理**驅動**很多機器。

把一架鋼琴推到山坡上，鋼琴就
具有「重力位能」……

不過，一旦把鋼琴從某個岩壁處
推下去，重力位能就轉換成動能。

喔哦！

等到鋼琴撞上地面，
動能轉換成其他形式的能量，
像是聲音。因為鋼琴沒有反彈★。

★編註：若有反彈，會轉換成彈力位能。

我們不是一定要靠燃燒燃料來得到能量，
我們可以掌握世界上本已存在的能量。

太陽能板可以收集
太陽的核反應所製造的能量，
然後把太陽能轉換成電能。

風力發電機捕捉到空氣的運動，
然後把動能轉換成電能。

渦輪的螺旋槳捕捉動能，
推動了附在發電機上的輪子。

水力也是同樣的運作方式。
水壩擋住大量的水，一旦洩洪，釋放出來的能量就推動
巨大的渦輪，把能量轉換成電能。

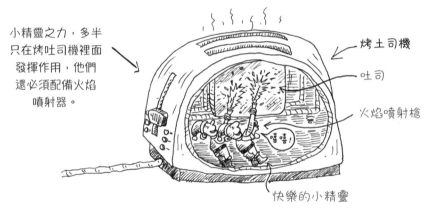

小精靈之力，多半
只在烤吐司機裡面
發揮作用，他們
還必須配備火焰
噴射器。

烤土司機

吐司

火焰噴射槍

快樂的小精靈

亮光

開關

電池

簡單的電路

電池並沒有儲存**電**。
它儲存的是化學能，
如左圖，一旦你撥動開關，
讓燈泡通電，化學能就**轉換**成電能。

電線的材料是導電能力良好的金屬，
讓電力在電線中順利傳遞。

電線的外面包覆著塑膠，而塑膠**不能**導電，
這樣一來可以把電隔絕在裡面，保護你的安全。

精妙的機械裝置

還記得重力、磁力和摩擦力嗎？
這些力一直都在所有的事物上產生作用。
讓我們能夠移動、減速、轉彎和墜落，
也能夠阻止我們發生前面這些動作。

使用簡單機械來**施加**力量，做很多事情就變得**更容易**。

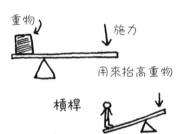

用來抬高重物

槓桿

或是把人拋向空中

輪子和輪軸

轉動中心的輪軸，
輪子也跟著轉

輪子和輪軸可用來移動、舉起
物體，還可產生能量讓我們運用。

螺絲釘
螺絲釘可用來鎖緊物
體，也可用在連接、
鑽孔、抬升或移動。
螺絲釘甚至可以幫助
抽吸液體。

楔形體

楔形體可以幫助抬高、撬開和塞緊
空間。如果採取不同的使用方式，
一塊楔形體也可以變成一道斜面。

滑輪

施力

滑輪可幫助抬升和拉動

重物

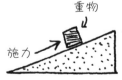

重物

施力

埃及人就是用
這種方法建造
金字塔。

槓桿可讓力量增加好幾倍。

當你距離槓桿的**支點**愈遠，
你的施力就放大得愈多。

蹺蹺板、鐵撬和剪刀，
都屬於槓桿。
手推車、開瓶器、
鋼琴的琴鍵，以及火車的煞車，
也都應用了槓桿原理。

所有的複雜機械，
都是由簡單機械
再加上其他零件組合而成的。

一輛汽車和它的引擎，
其實就是數千個簡單機械
全部一起運作的成果。

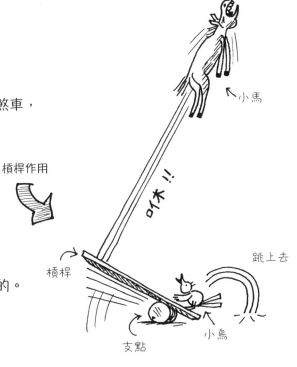

槓桿作用

小馬

啊木！！

跳上去

槓桿

支點

小鳥

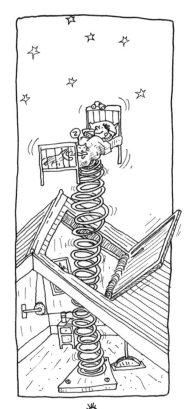

彈簧可以儲存並釋放能量，
所以我們可以彈跳。

西格蒙德利用肚臍
自動彈跳裝置向前移動

近來有一些複雜的機器，
像是電腦，甚至可以
協助人們思考。

電腦可以儲存和處理資料。
它接收資訊，
並依循指令而運作；
那些指令寫在**程式**裡面。

接著電腦再**輸出**新的資訊。

梅西利用遺傳工程
彈簧腿向前移動

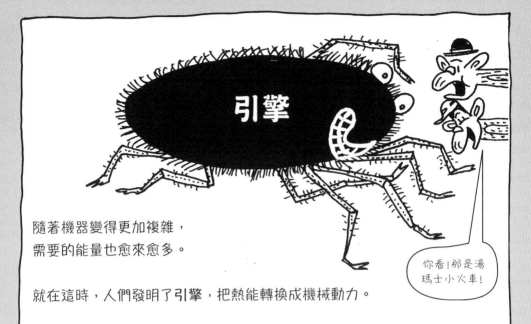

引擎

隨著機器變得更加複雜，
需要的能量也愈來愈多。

就在這時，人們發明了**引擎**，把熱能轉換成機械動力。

最早發明的真正有效能的引擎，是蒸汽引擎。
它讓火車快跑，也推動工廠裡的大型機器。

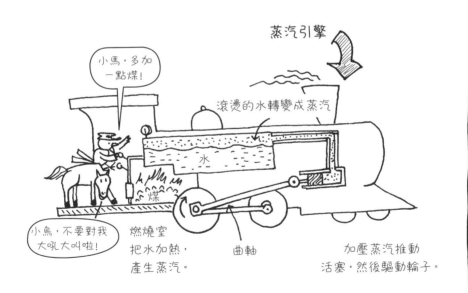

蒸汽引擎

人們燃燒煤，能夠煮沸水，然後產生蒸汽。
蒸汽的壓力推動活塞，讓活塞前前後後移動，
而活塞帶動曲軸，進而使輪子轉動。

還有更多引擎！

耶！！

你可能覺得，引擎的科學很難懂，
其實不見得喔。

以汽油為燃料的引擎與蒸汽引擎比起來，
損耗的能量比較少，
因為燃料是在汽缸裡面燃燒，
這樣的反應是直接驅動活塞。

也因此，這種引擎稱為內燃機。

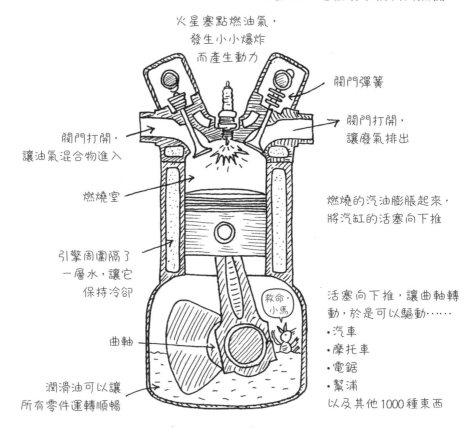

火星塞點燃油氣，
發生小小爆炸
而產生動力

閥門彈簧

閥門打開，
讓油氣混合物進入

閥門打開，
讓廢氣排出

燃燒室

燃燒的汽油膨脹起來，
將汽缸的活塞向下推

引擎周圍隔了
一層水，讓它
保持冷卻

救命
小馬

曲軸

活塞向下推，讓曲軸轉
動，於是可以驅動……
・汽車
・摩托車
・電鋸
・幫浦
以及其他1000種東西

潤滑油可以讓
所有零件運轉順暢

蒸汽引擎令科技向前**一大步**，不過其中很多能量是以光的形式釋放出來，而不是熱；而且要把水煮沸需要耗費很多熱能，因此耗用了**大量**的煤。人們需要**更好的引擎**。

火箭和飛機用的是**噴射引擎**。
利用化學反應，朝向後方射出高速氣流。

用這種方法推動火箭和飛機，
前進的速度**超級快**。

有些大型的船隻和潛水艇
採用**核子動力**。

原理是讓鈾原子**分裂**，
同時產生熱，這稱為**核分裂**。

這也是原子彈的運作原理。
核分裂不用燃燒任何東西，
不過你必須非常小心，
就算沒有被**爆炸**的威力摧毀，
核分裂反應的殘餘物質也具有**放射性**，
那可能會害你死掉。

貝蒂‧溫索爾以無法控
制的核爆來向前移動
(嗯，她試過一次了!!)

萬事通小寶盒

過了一段時日，人們不再用蒸汽引擎驅動機器，而是使用**馬達**，改用電力驅動。由牆壁插座傳輸而來的電能，在馬達裡面轉換成動能，進而驅動電器裝置，像是洗衣機，或是電動車的輪子。不過，我們**還是**會燃燒煤來製造蒸汽。有些地方的大型發電廠依然這樣做，用燃煤的蒸汽來發電。

好輪滾滾

有很長一段時間，
人們依靠雙腿走路去各個地方。
有時候也會跑步，
如果碰到獅子之類的話。

不過到後來，
人們厭倦走路和跑步了，
於是發明了滑板。

最早的滑板是
用石頭打造而成。

洞穴人

羚羊

其實，
事情不完全是像上面說的那樣啦……

大約西元前3500年，
有個人發明了輪子。

佐格，那要用來
做什麼？

光靠一個輪子到處跑
實在沒什麼好玩的，
所以到後來，
人類發明了第二個輪子。

這樣還是沒什麼用啊，
直到某個名叫「艾克索*」(Axle) 的人
發明了一種機械裝置，
用一根木頭連接兩個輪子。
他把這個裝置稱為艾克索 (Axle 字意是輪軸)。

佐格，這個超棒！

*最近的研究認為，他可能不叫艾克
索。他說不定根本不是「他」。不
過，那個東西是真的叫「輪軸」啦。

等到生產出堅固的金屬輪軸來帶動輪子之後，
人們真的移動得……

更快……

再更快……

更更快……

然後變慢了……

大約西元前2000年，人們發明出有輻條的輪子，重量比較輕，
用在戰車上，由馬匹負責拉動。

到了1886年，第一輛車子（汽車）發明出來了，
當時在三輪車上加裝汽油引擎。
輪子＋引擎＝汽車。雖然那輛車的速度只有每小時16公里。
而現在，最快的汽車，極速可達到每小時435公里。

至於最慢的汽車呢，則是困在塞車陣中的汽車。

輪子最初被發明出來，其實是為了用來製作陶器，而不是要讓我們跑來跑去。人們甚至先發明出笛子，然後才發明輪子。真感謝有人想出輪子的點子。

最早的飛機，
看起來可能很像鳥類⋯⋯

但是飛不起來。

這些也一樣飛不起來。

最早的動力飛行器
看起來像這樣。

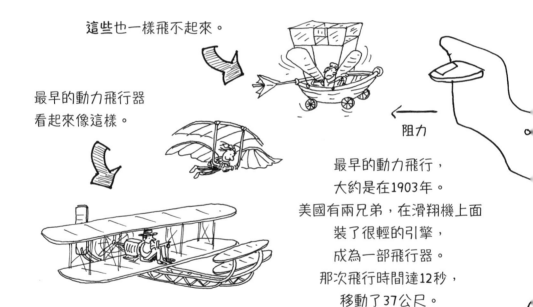

阻力

最早的動力飛行，
大約是在1903年。
美國有兩兄弟，在滑翔機上面
裝了很輕的引擎，
成為一部飛行器。
那次飛行時間達12秒，
移動了37公尺。

不過，看看我們現在有什麼⋯⋯

我們用輪子和輪軸做成手錶裡面的微小齒輪，也用大型的渦輪機產生電力。就連門上的把手，以及用螺絲起子轉動螺絲，也都屬於輪子搭配輪軸的應用。如果沒有輪子，我們不會有腳踏車或汽車，也不會有飛機……

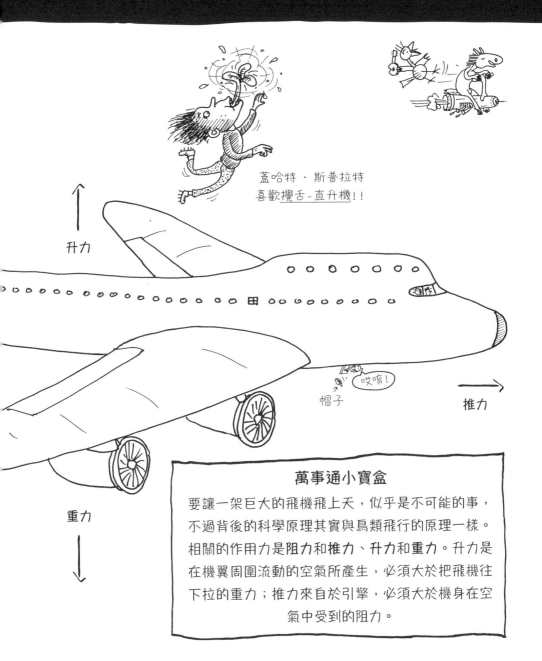

蓋哈特・斯普拉特
喜歡攪舌-直升機！！

升力

帽子

哎唷！

推力

重力

萬事通小寶盒
要讓一架巨大的飛機飛上天，似乎是不可能的事，不過背後的科學原理其實與鳥類飛行的原理一樣。相關的作用力是阻力和推力、升力和重力。升力是在機翼周圍流動的空氣所產生，必須大於把飛機往下拉的重力；推力來自於引擎，必須大於機身在空氣中受到的阻力。

人體器官組成不同系統
維持身體的運作；
而我們的城市其實也有許多系統，
大多時候是隱形的，
除非出了**錯**，否則你不會注意到。

海洋有**海上航道**可讓一般船隻和巨型貨櫃船通行。

鮑伯利用耳朵翅膀
到處移動。

天空有**空中航道**，是給飛機通行的路；
同樣可通行的還有巨鷹航班，
以及輕盈的耳朵翅膀和鵜鶘運輸*。

耳朵翅膀

巨鷹

腳底的吸盤，
可幫助他降落在
建築物的側面。

搭乘鵜鶘

我用神奇的「翅
膀力」到處飛。

非常強大的
天竺鼠力

陸地的交通工具和道路系統，
讓我們能夠在地面上安心趴趴走。

烏龜力

*這裡提及的一些運輸模式，並非根據**真實**情況。

想像一下，萬一下水道系統沒有發揮神奇的功能，
把我們用過的家庭廢水和廁所的馬桶汙水全部帶走？

萬一沒有送去汙水處理廠，處理乾淨後再排放流入大海呢？

想像一下，如果雨水下水道系統沒有完善，
使得街道淹水呢？

或者，萬一地下輸送管道
沒有送來乾淨的水和瓦斯，
結果不能煮飯和洗熱水澡呢？

你最常用的系統是電網。

電流從發電廠送到你居住的
街道，透過電線進入你家，
於是可以點亮燈具。

小鳥，我還記得我們家
沒有塞滿便便的時候。

我的水母沒電了啦。

很多海洋動物可以自己產生光亮。
牠們身上有發光細胞，
能夠利用化學物質或細菌來發光。

人們辦不到這一點，
因此，我們必須發明燈泡。

萬事通小寶盒

電信是透過電訊號或電磁波進行遠距離的通訊。現今，電信所指的包含了
電話、廣播、電視或網際網路。網際網路是全世界的電腦所構成的網絡，
藉此傳遞資訊和消息到各個地方，於是你就可以假裝自己是萬事通！

要有光！

我最喜歡鎢絲燈的光了。

燈泡是**有史以來**非常重要的一項發明。

如果你仔細觀察燈泡裡面，
會看到一條細細的燈絲，
那裡就是發光的地方。

電流是電子的流動，
它沿著燈絲，
從「負極」這一端流向「正極」那一端。
不過，電子可**不是**輕輕鬆鬆就會流動。
燈絲所用的金屬，
與一般的電線是不一樣的。

燈絲有**電阻**，
因此會發熱又發光。

你**真正**看到的現象，
其實是電能轉換成熱能和光能。
很不可思議，對吧？

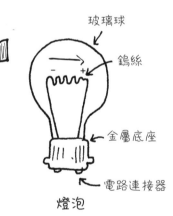

玻璃球

鎢絲

金屬底座

電路連接器

燈泡

此外，燈泡裡面不是空氣，而是填充不一樣的氣體，
以確保燈絲發熱的時候，不會與氧氣產生作用。

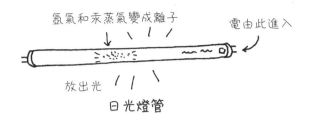

氫氣和汞蒸氣變成離子

電由此進入

放出光

日光燈管

日光燈管有點不一樣，
它是透過內部的氣體導電。
這表示，
幾乎不會浪費能量變成熱，
大部分的能量都會變成光。

現在很多燈泡都是LED，
LED的全名是**發光二極體**。

所有的螢幕都是由無數個LED組合而成。
還有交通號誌燈、電子錶的螢幕、
以及幾乎所有的電子裝置也是如此。

LED燈

塑膠外殼
燈絲接點
半導體
反射器

LED非常細小，
它是由所謂的**半導體**材料製造而成，
一旦電流通過，LED就會產生反應。
而不同的化學材料會發出
不同顏色的光。

蛾類喜歡燈泡，
所以我喜歡燈泡。

嘎吱！

一頓輕食

鎢絲！那是垃圾。
LED點亮
我的人生！

萬事通小寶盒

你之所以能觀看電視，是因為你的螢幕上有一千多個細小的LED亮起
來，構成了一幅畫面。很多幅稍微**不太一樣**的畫面在你的眼睛前方閃
爍，那會欺騙你的大腦，以為是看到連續的動作，
就像是製作定格動畫。

即使最古老的帝國，也開闢或連接了大規模的道路系統，這樣就可以用來進行貿易活動，並將士兵和補給品送往需要的地方。而下一個目標，通常是建立郵政系統。

很難想像
以前沒有手機的時代吧，
所以，這裡的步驟
是要教你自己製作通訊工具。

準備兩個空的
焗豆罐子

加上一團細線

在罐子的底部
鑽出一個孔洞 (見圖1)。
讓細線的一端
穿過1號罐子的孔洞。

圖1

1號罐子　2號罐子

底端是封閉的　上端是開口

火柴棒

將線頭綁在舊火柴棒上。

孔洞

火柴棒

然後把細線拉緊，固定在罐子底端。
在2號罐子也做同樣的步驟。

1號罐子

2號罐子

還記得吧？人類有語言，而且會互助合作，這讓我們顯得與其他類人猿非常不同。只要人們發明了一種新科技，就會把它拿來

溝通交流！

你拿著1號罐子，並且請你的朋友*拿著2號罐子，
現在，你們兩人都往後退，直到拉緊細線為止。
接下來有兩種可能的結果。

第一種可能性：你們彼此站立的地方距離非常非常遠。

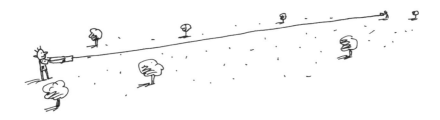

第二種可能性：你們彼此站立的地方距離非常近。

那麼，你們需要把細線解開啦。

現在拿著1號罐子對著你的嘴巴，開始說話，
你的朋友*握著2號罐子貼近耳朵，仔細聆聽。

你發出的聲音，其實是你**喉嚨**裡的**喉頭**把空氣推送出去。
喉頭中的**聲帶**振動，於是在空氣中產生聲音的振動，進而造成罐子的振動。
然後，聲音能量持續振動，透過細線傳遞出去！

*或者其他人的朋友，或者你的狗狗。

還沒有罐頭的時候，你必須寄信，
才能跨越很遠的距離而彼此通訊，
不然就是要製造煙霧信號，或者用鼓聲打出密碼暗號。
或者飼養信鴿，把小紙條綁在牠們腳上。

很重耶！！

金屬罐頭在1810年發明出來，
用途是保存食物，而不是彼此溝通。

謝天謝地，過沒多久，**電報機**就發明出來了。

摩斯電碼是把長長短短的電訊號做各種組合，
編製成一套密碼，就可將訊息傳遞到全世界。
這套密碼是用**點**和**線**來表示。

A	•—	J	•———	S	•••	1	•————
B	—•••	K	—•—	T	—	2	••———
C	—•—•	L	•—••	U	••—	3	•••——
D	—••	M	——	V	•••—	4	••••—
E	•	N	—•	W	•——	5	•••••
F	••—•	O	———	X	—••—	6	—••••
G	——•	P	•——•	Y	—•——	7	——•••
H	••••	Q	——•—	Z	——••	8	———••
I	••	R	•—•	0	—————	9	————•

以這種方式傳遞訊息稱為**打電報**。
船隻、飛機和急難救助服務，全都使用摩斯電碼，
可以透過無線電或電報線來傳遞。

萬事通小寶盒

所有的通訊方式都有一個**發射器**，將訊息轉變成可以傳遞的**訊
號**。訊號需要透過某種媒介來傳遞，稱為**頻道**，而頻道的另一端
有個**接收器**，可將訊號轉回我們可以理解的訊息。有些裝置
既可以做為發射器，同時也是接收器。

無線通訊聊天

有些輻射是很危險的。
不過呢，你身邊一直都有
其他種類的輻射。
還記得嗎？
「光」也是電磁波光譜的一部分。

「光」是電磁波光譜中我們看得到的部分。
其他種類的電磁輻射，還包括微波、X光和**無線電波**，
這些全都很好用。

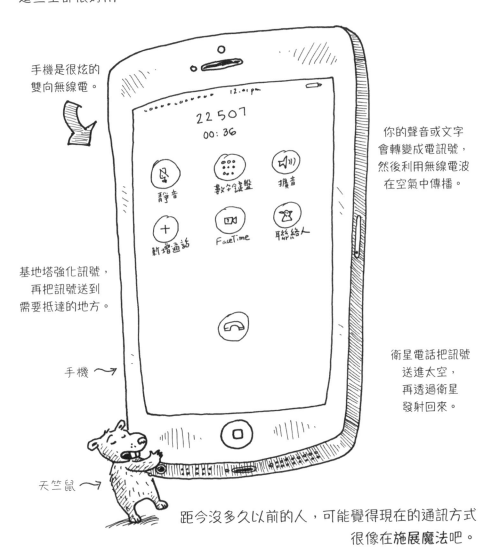

手機是很炫的
雙向無線電。

你的聲音或文字
會轉變成電訊號，
然後利用無線電波
在空氣中傳播。

基地塔強化訊號，
再把訊號送到
需要抵達的地方。

衛星電話把訊號
送進太空，
再透過衛星
發射回來。

手機 ⟶

天竺鼠 ⟶

距今沒多久以前的人，可能覺得現在的通訊方式
很像在**施展魔法**吧。

6

時光飛逝

現在幾點了？

你還是個小寶寶的時候，擁有大把的時間，
現在的你，往後也還有好多年的時間，
不過隨著慢慢長大，感覺有空的時間愈來愈少了。
你必須做的事情愈來愈多，而且你有能力做的事也愈來愈多。

時間過得很慢時，我們覺得很無聊；
時間過得很快時，我們覺得忙翻天。

你覺得很好玩的時候，時光總是飛逝；
而你不想起床的時候，時間流逝得最快。

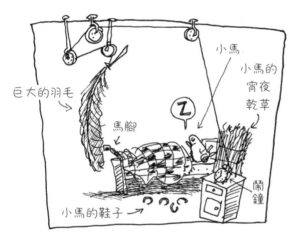

小馬有個特別的
鬧鐘。因為他睡覺
的時候必須戴著
耳罩，所以聽不到
鬧鐘的聲音。於是
他準備了一根
巨大的羽毛*，
當鬧鐘大響時，會
使羽毛搖擺，對他
的腳搔癢。

* 嬌小的
巨大羽毛鳥

巨大的羽毛來自
一種非常嬌小的
鳥類，牠的尾羽
非常長，而且就
只有一根羽毛。

但是，我們完全不知道如何使時間停止。

時間真的很重要 我們總是一直談到時間……

時間的英文片語

先生，要再來一份「時」物嗎？*

Time after Time 一次又一次

Time and a half 1.5倍薪資的加班費

Time and time again 三番兩次

Time bomb 定時炸彈

Time flies 時光飛逝

Time honoured 歷史悠久的

Time release capsule 緩慢釋放型膠囊

Serving time 服刑；禁賽

Time catching up 趕上時間

Time the great healer 時間是最好的解藥

On time 準時

Timetable 時刻表

Good time 美好的時光

Bad time 不好的時光

*編註：原文為 Would sir like seconds ？

219

時間不只是一種感覺而已

長久以來，世界各地不同文化的人都試著去劃分時間，運用時鐘和曆法來計算和安排時間。

日晷

太陽在天空中移動時，影子會投射在日晷盤面的數字上，於是隨著太陽位置的不同，你就能得知一天的各個時間。至於在晚上和陰天，日晷就不太好用了。

星星

星星在晚上出現，它們繞著地球的極軸運行，因此你可以藉由星星的位置判斷時間。白天就不適合了。

沙漏

玻璃瓶上層的沙子，經過一個小孔，漸漸漏到下層。測量短暫的時間很好用，一天的時長也許還可以，但如果時間更久，你就需要巨大的沙漏。

埃及的水鐘

有點像沙漏，不過是用水來滴漏而不是沙子。水鐘可用來標記好幾天長的時間。但水鐘相當龐大，不容易隨身攜帶。

現代的鐘錶就不一樣了。計時的方式都是根據物體移動或變化時的滴答聲或跳動次數。

小馬，小心鐘擺啊！

喔！

時間到了，快逃啊！

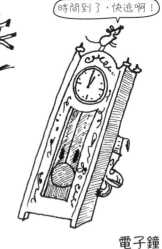

擺鐘

1656年發明了鐘，是以重物擺動的滴答聲來計時。這是第一個真正精準的鐘。

機械鐘

發明出金屬的彈簧和齒輪後，時鐘內就可以裝入小擺輪，用小擺輪的搖擺次數來計時。只要把彈簧轉緊，就能運作得很好。

很吵的鬧鐘

鈴！！

石英鐘

石英鐘計數的是內部石英晶體的振動次數。最早是在1927年製作出來，非常精確。可以做成**數位式**或**類比式**。

電子鐘

以電池驅動的電子鐘，已經取代了其他大多數判定時間的方法。像你手機上的時間，是根據繞行地球的GPS（全球定位系統）衛星訊號而定。

原子鐘

綜合全世界大約400個原子鐘的結果，制訂出「世界協調時間」（UTC）。原子鐘是測量一個銫原子「在兩個能量狀態之間躍遷」所花的時間。聽得迷迷糊糊嗎？沒關係，這真的非常複雜！

萬事通小寶盒

1847年之後，**格林威治標準時間**（GMT）是所有人設定時間的標準。而現在，**世界協調時間**（UTC）則是國際上通用的標準。有了標準時間，表示所有人都可以依循這個時間，無論你人在國際太空站或飛機上都一樣。UTC不受夏令時間（日光節約時間）或時區的影響。

地球上劃分了**時區**，讓你知道**目前**所在地區的時間，
時區是根據你與世界協調時間 (UTC) 距離多遠而定。

英國位於這張地圖的「正中央」，採用世界協調時間，
因為英國在1880年提出這個概念。

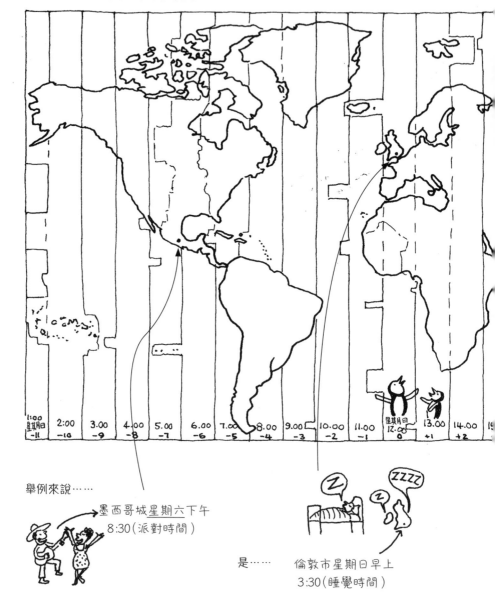

舉例來說……

墨西哥城星期六下午
8:30（派對時間）

是……　　倫敦市星期日早上
3:30（睡覺時間）

許多假想線從地球的北極連接到南極，分隔不同時區，根據各國在地圖上的
位置，他們會在UTC的「前面」或是「後面」。

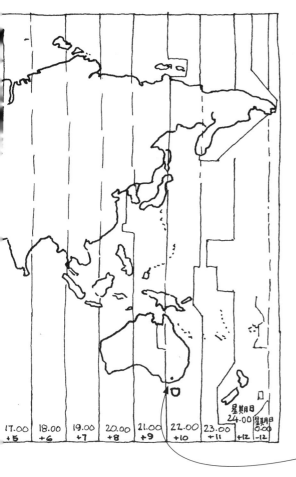

大多數的時鐘將一天24個小
時劃分成
上午12個小時 (AM)
下午12個小時 (PM)

不過有些時鐘採用24小時制。
這表示是從0到23來計數每個
小時。

24小時制很容易理解。

中午以後的所有小時，只要
加上12就可以了。
所以，學校的下課鈴響如果
是3:30PM，就等於是15:30。
（因為3+12=15）

以及……
墨爾本星期日下午
1:30（午餐時間）

| 17.00 | 18.00 | 19.00 | 20.00 | 21.00 | 22.00 | 23.00 | 星期日 24.00 | 星期日 0.00 |
| +5 | +6 | +7 | +8 | +9 | +10 | +11 | +12 | -12 |

萬事通小寶盒

有些國家會實施**夏令時間**（日光節約時間），這是特意調整時鐘，讓夏天
傍晚多出一個小時的日光*。人們在春天（也就是白天開始變長的時候）
把時鐘往前調快一個小時，到了秋天再調回平常的時間。有時候，
同一個國家裡面也沒有每個地區都實施。

★編註：希望人們早睡早起，充分利用日光，以節約能源。

曆法

大多數地區的曆法是根據人們對天空狀況的觀察結果，像是月亮的變化週期（月份）或者太陽的移動週期（年份）。

因此產生陰曆或陽曆。
最早的一種陰曆是在蘇格蘭使用，
大約有1萬年的歷史，而且非常巨大。

那個陰曆放不進口袋裡……足足有50公尺長耶！

蘇格蘭肉餡羊肚

多一盤肉餡羊肚

地上挖了一些大型坑洞，用來表示月亮的不同形狀。

← 50公尺 →

古代的巴比倫人在天空中看到了太陽、月球、水星、金星、火星、木星和土星，因此他們很喜歡「七」這個數字，並將一個星期訂為七天。

現在我們同樣採用他們用六十秒和六十分鐘為時間單位的想法。

這是炸毀蘇格蘭風笛的唯一方法。

黃色炸藥

TNT

這些「蘇格蘭蛋*」果然很硬，很難孵蛋耶。

我們的計數系統是十進位制，但4000年前的巴比倫人，採用的是六十進位法。想像一下，那個時候該怎麼記住乘法表啊！

*譯註：蘇格蘭蛋是用絞肉包覆水煮蛋，再裹上麵包粉，油炸得硬硬脆脆的一種料理。

1582年以後，世界上大部分地方都採用**格里曆**（公曆）。
公曆**基本上**是一種陽曆，
不過它很巧妙，因為包含了**閏年**。

一個「日曆年」有365天，
但你還記得嗎？
地球繞行太陽一圈要花365.25天。

每隔四年，就必須多出一天（2月29日），
才能讓曆法符合太陽年。

他的生日是
2月29日。

那就表示我每
隔四年才能過
一次生日！
好不公平喔！

讓你更搞不清楚的是，我們的月份
其實**不符合**我們從地球看到的月相變化週期。
從第一次滿月到下一次滿月的期間，大約是29.5天，
但是一個月卻有31天或30天（當然，二月除外）。

一年有十二個月是根據
西元前46年的一種「羅馬曆」而來。
它原本一年只有十個月，
後來羅馬人把它加上兩個月，
不過是加在一年的**開始**。

嗨，儒略*。
確認一下，這
個曆法完全
不合理吧。

*譯註：「儒略曆」是格里曆的
前身，是在儒略・凱撒（凱撒
大帝）的時代，西元前45年開
始實行，但因誤差愈來愈大，到
了1582年，由教宗格里十三世
頒布修正後的「格里曆」。

這就是為什麼，九月的英文 September，
在拉丁文的字意其實是「第七」的原因。
還有十月（October）、十一月（November）
和十二月（December），
拉丁文的字意其實是「第八、第九和第十」。
羅馬人，很會喔！

萬事通小寶盒

格里曆（公曆）是全世界都採用的正式曆法，不過現今有六種曆法依然在
使用：中國農曆、希伯來曆、伊斯蘭曆、波斯曆、衣索比亞曆，以及峇里
島的帕烏肯曆。如果你覺得閏年有點難懂，那再想像一下陰曆的情況，
每隔幾年，你就需要加上第十三個月，才能趕上公曆的時間。

生理時鐘
滴答滴

生物有種天生的節律，
每24小時呈現週期性變化，
稱為晝夜節律，
受到身體的**生理時鐘**所控制。

植物有生理時鐘，動物有生理時鐘，
巨蜘蛛也有。就連真菌和細菌也有
生理時鐘。

生理時鐘告訴生物，
什麼時候要活動或生長，
什麼時候該去睡覺或吃東西。

它會整合身體的其他系統，
來好好發揮功能。

> 小鳥，我有**晝夜節律**！

> 小馬，也許你動了一天吧，不過肯定沒有節律。

它還知道何時是對抗感染、治療傷口
或者消化食物的最佳時機。
最佳時機是白天，所以宵夜退散！

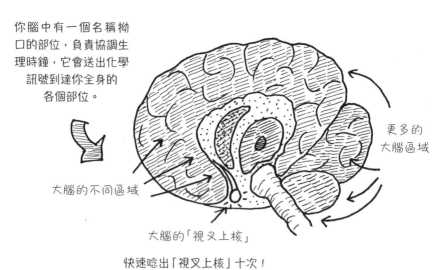

你腦中有一個名稱拗口的部位，負責協調生理時鐘，它會送出化學訊號到達你全身的各個部位。

大腦的不同區域

更多的
大腦區域

大腦的「視叉上核」

快速唸出「視叉上核」十次！

植物會「呼吸」釋放二氧化碳，不過最旺盛時是在晚上。
有些蕈類在黑暗中會發光來吸引蟲子，
但它們不會在白天浪費能量發光。
還有，你回到家時，你家寵物可能在門口等你，
但牠們並沒有去查看時鐘。

即使是沒有眼睛的穴居魚類，經過演化後，牠們也能在黑暗中判斷時間。
但經歷了兩百萬年沒有晒太陽，牠們的生理週期長度是47小時，而不是
24小時。

鳥類每年都在同一時間展開遷徙。
有些動物會為了過冬而儲存食物。
跳蛛（牠們非常聰明喔）懂得事先規畫，會在心裡描繪路線，
然後按照計畫悄悄接近獵物（好可怕！）
有一些動物會記憶和學習，但牠們真的有「歷史感」或個體記憶嗎？
我們也不清楚。也許那是人類獨有的能力。

萬事通小寶盒

有一些事情會搞亂你的生理時鐘，像是人工光源、看螢幕的時間，或者
熬夜不睡覺。所謂的**時差**，是因為我們的生理時鐘與當地時間不一致而
造成。例如你跨越了好幾個時區後，當地時鐘可能顯示「清晨兩點」，
但你的身體卻認為現在是**午餐時間**。幸好你可以重新調整你的生理
時鐘，按照新的時程來運作。

歷史上的巨蜘蛛

尼安德塔人時代的巨蜘蛛

*BCE 指西元前的年份

石器時代
（直到大約3000BCE＊）

發明出火、語言、音樂、衣物、建築構件和建築物、石製／木製的工具和武器、藝術和陶輪、小船、農耕和家畜、計時工具和曆法、基本的書寫、計數和貨幣。還不錯的開始！

石器時代的巨蜘蛛

蒼蠅

青銅器時代
（3000BCE 到大約1200BCE）

金屬讓每一件事變得更簡單。發明出金屬製的工具、武器、首飾和壺罐、合適的輪子和戰車、滑輪組、肥皂、雨傘、書寫、莎草紙，以及城鎮。改良了「石器時代」的所有事物。

鐵器時代
（1200BCE 到大約650CE＊）

發明了船槳、大船和錢幣。此外，鐵讓幾乎所有事物都變得更好，特別是農耕器具、運輸工具和武器。不過，如果你站錯位置，面對著劍或箭的尖端，那就**沒有**比較好了。

例如在埃及帝國

埃及的巨蜘蛛

*CE 指西元年份

考古學家挖掘出巨蜘蛛過去的許多事物，讓牠們更了解自己的歷史。古代的巨蜘蛛經常用自己的重要物品做為陪葬品，因此歷史學家可以從中看出牠們過著什麼樣的生活，以及重視哪些事物。

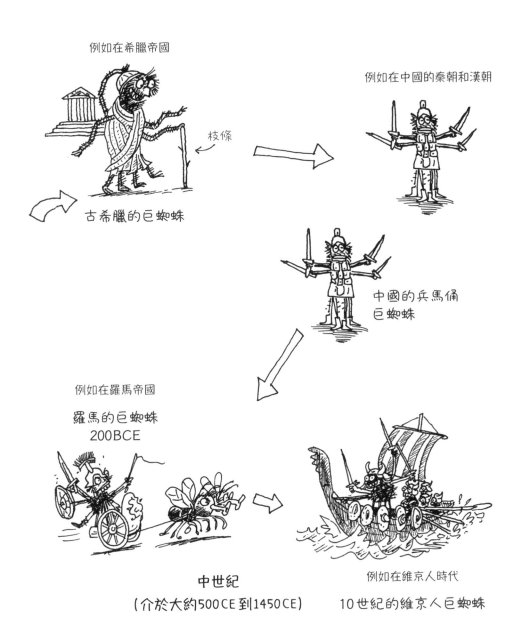

例如在希臘帝國

枝條

古希臘的巨蜘蛛

例如在中國的秦朝和漢朝

中國的兵馬俑巨蜘蛛

例如在羅馬帝國

羅馬的巨蜘蛛
200BCE

中世紀
（介於大約500CE到1450CE）

例如在維京人時代

10世紀的維京人巨蜘蛛

更近代的巨蜘蛛

例如在中世紀的歐洲

中世紀的巨蜘蛛

近代早期
（介於大約1450到1750CE）
貿易和金錢全然起飛。印刷
機、蒸汽引擎和科學都是重
要大事。巨型的船隻表示帝
國的觸角伸向全世界。

16世紀的巨蜘蛛

近代晚期
（大約到1945年，
包括工業革命）

蒼蠅

18世紀的巨蜘蛛

19世紀的牛仔巨蜘蛛

蒼蠅

記憶猶新！

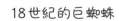

更近代的巨蜘蛛歷史，被寫成文字記錄下來。**第一手資料**是由當時經歷過事件的人直接記錄。**二手資料**則是後人根據第一手資料整理後的結果。

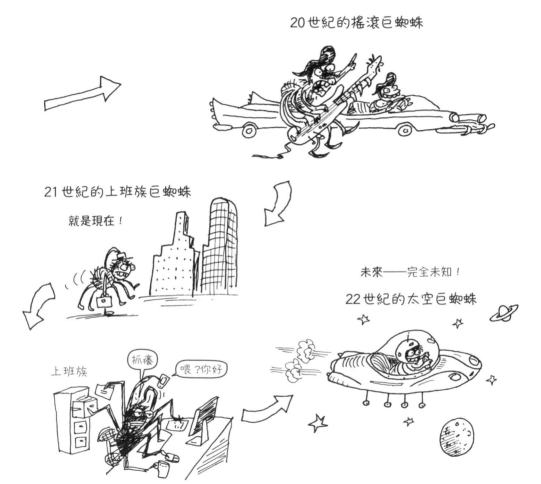

20 世紀的搖滾巨蜘蛛

21 世紀的上班族巨蜘蛛

就是現在！

未來——完全未知！

22 世紀的太空巨蜘蛛

上班族

抓癢

喂？你好

萬事通小寶盒

你可能有注意到，許多重要的事情，像是農耕和馴養動物，最早都發生在大約1萬年前的石器時代，這稱為**新石器革命**。新石器時代的石器做得比以前更精緻、更順手好用。新石器時代之前的時期，則稱為**舊石器時代**。

回顧過去

好的，所以前面描述的那些**可能**是人類的歷史啦，不是巨蜘蛛的。除此之外全都是真的喔。

史前時代是指還沒有書寫紀錄的時代。人們會記憶和分享各種故事，但無法記錄下來。

早期記錄的歷史並不是完全準確。**最著名**的兩篇歷史故事「**伊利亞德**」和「**奧德賽**」，最早（大約）是在西元前700到800年的古希臘時代寫下來的。但是那些事件（大概）發生在更早以前。

作者（可能）是名叫「荷馬」的一個傢伙，或者（可能）是一群人。故事內容（大概）是搜集了古老的詩和歌曲，久遠以前還沒有文字時，人們以口口相傳來記住歷史。

不過，這些書裡的故事依然一代又一代傳誦下去。你可能也知道希臘天神宙斯，或者特洛伊木馬的故事。

呃！

1萬年前的小鳥

小馬在古埃及前世的模樣

聰明的歷史學家一直努力研究那些古代書籍的作者究竟是誰，他們的意圖又是什麼。也會檢驗很多不同的資料，以便確定書中內容的真實面貌。

作者是
尼安德塔人
藝術家

小鳥，那些巨蜘蛛回來了！

小馬，我好害怕。

目前所發現最早期的藝術作品，是洞穴裡和岩壁上的繪畫。

又是那隻笨笨的巨蜘蛛嗎？

有些是在大約3萬5000年前創作的，畫了動物甚至有人類的圖像，另外還有手印的輪廓。

他該走了吧！

回到未來!

我們對史前動物和植物有這麼多的了解,
是因為它們遺留了化石。

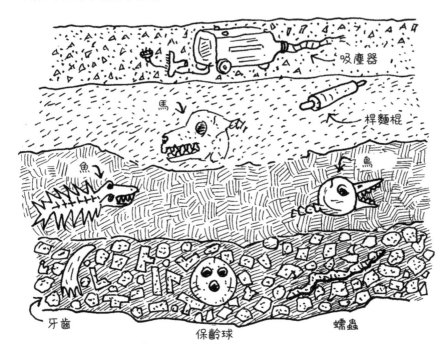

吸塵器

馬

桿麵棍

魚

鳥

牙齒

保齡球

蠕蟲

＊全都不是。它們全都是在1862年發明出保齡球之後才遭到掩埋的。

化石

如果某種東西的歷史超過1萬年,就可認定為化石。最古老的化石大約有35億年的歷史。上圖這些遭到掩埋的東西,有多少是真正的化石呢?＊

要怎麼變成化石呢?死掉。
立刻遭到掩埋,用沙子或泥巴是最棒的,
等待兩百萬年,在這段期間,
礦物質把你的骨頭變成石頭,
有人發現你。就這樣!

石化木是變成化石的樹木，看起來好像跟以前一樣，但是它非常古老，**非常堅硬**，現在是由岩石所組成。

最古老的**琥珀化石**有3億2000萬年的歷史。琥珀是古代樹木的黏糊糊樹液，有一些生物被困在琥珀裡，保存得非常完好。

那些生物看起來就像牠們生前的模樣。

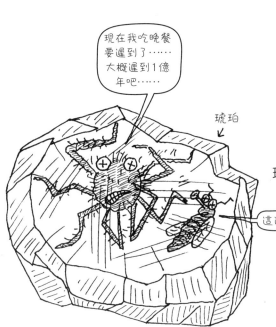

過去也曾經是未來。
總有一天，你人生中的所有事物也會成為歷史。

但是你不必等待兩百萬年、變成石頭，
然後有人把你當做化石挖掘出來。

你可以自己製作一個**時光膠囊**。

時光膠囊是一個密封的容器，裡面裝滿了值得回憶的事物，像是你的寶物或訊息或圖畫，或者你認為未來需要知道的資訊。

甚至在月球上也有時光膠囊，是「阿波羅十一號」的太空人放的。那是一個小圓矽片，大約是臺幣50元硬幣的大小。上面刻了非常細小的字，是來自全世界各國領袖的訊息。小圓片頂部刻著：
「阿波羅十一號太空人將來自世界各地的善意訊息帶到月球。」

生命有多長？

人類的壽命最多也不過一百年左右。對哺乳類來說，這樣的壽命其實已相當長了。

巨蜘蛛
5歲的時候

澳洲的塔斯馬尼亞的侯恩松（一種針葉樹）可以活三千年，而且很多植物都可以存活數百年；有些鯨魚和魚類可以活一百年或更久；最老的陸生動物是一隻巨型陸龜，名叫強納森，他超過190歲了。

不過，蜉蝣的成蟲只能存活大約五分鐘。

巨蜘蛛……
現在的模樣！

有些蜘蛛必須在一年內完成整個生命週期，其他種蜘蛛，像是巨人食鳥蛛，可以活二十年。

海綿可存活數千年；
蚌類可以活上數百年；
而且有一種龍蝦永遠不會變老；
還有一個物種具有永恆的生命！
那是永生不死的水母。

這是我的1000歲生日

海綿

海綿蛋糕

幾百年來都埋在沙子裡！那樣叫活著？

蚌

每年脫殼一次，已經連續三十年！！
我不行了……

我永生不死！

我不行！

燈塔水母

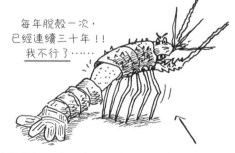

這隻龍蝦不會變老，但是大約三十年以後會在脫殼過程中死掉*。

*編註：龍蝦脫殼時需要耗費很大的能量，當體型愈來愈大，脫殼所耗能量也愈多，最後一次脫殼將精疲力盡而死。

人們沒辦法永生不死的原因，
是老化。

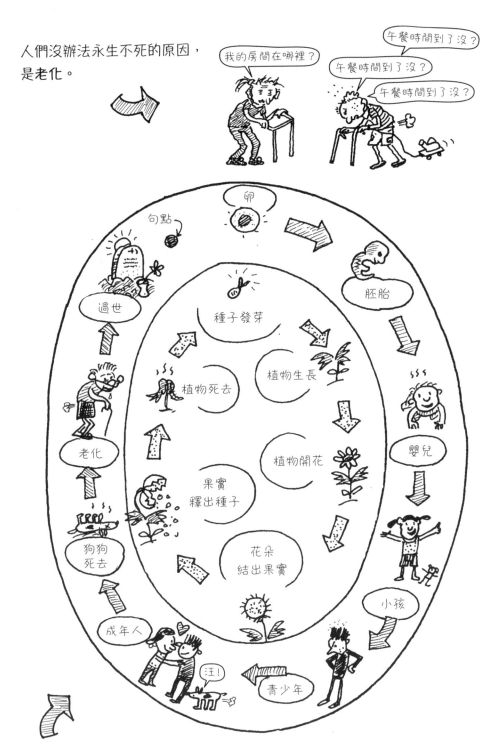

生命週期

不同生物的老化速度不盡相同。

237

與宇宙如此漫長久遠的時間相比，
生命在地球上待的時間**真**的很短，

只不過，那麼久遠的時間實在很難想像啊，
就好比去想像天上有多少星星，或者太空有多麼廣大，
或者「次原子粒子」有多麼微小。

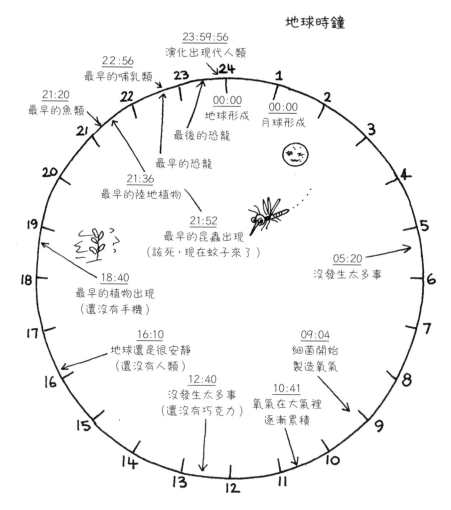

地球時鐘

23:59:56
演化出現代人類

22:56
最早的哺乳類

21:20
最早的魚類

00:00
地球形成

00:00
月球形成

最後的恐龍

最早的恐龍

21:36
最早的陸地植物

21:52
最早的昆蟲出現
（該死，現在蚊子來了）

05:20
沒發生太多事

18:40
最早的植物出現
（還沒有手機）

16:10
地球還是很安靜
（還沒有人類）

09:04
細菌開始
製造氧氣

12:40
沒發生太多事
（還沒有巧克力）

10:41
氧氣在大氣裡
逐漸累積

在這個「地球時鐘」上，
人類只存在不到一秒而已。
誰知道我們人類這個物種會存續多久？

就連我們超棒的恆星，太陽，
到最後也會衰老、死去。

像太陽這樣的恆星，
通常會燃燒個大約90億或100億年。

而我們的太陽目前大約45億歲。

所以再過大約50億年，
那時太陽非常老了，
它會變成一顆
紅巨星……

太陽

又大又熱的東西

它會向外膨脹，延伸到地球，
然後吞沒地球，
同時吞沒水星、金星和火星。

地球

不過，我們這顆**強韌的**岩石小行星可能會留存下來。

就算到時候太陽**真的**很老很老，
只剩下一顆黯淡又陰冷的**白矮星**，
地球有可能還在。

不過，到了最後，地球剩下的部分會飄蕩在太空，
有撞上小行星和黑洞的風險。

我們周遭的生命，總有開始和結束。
但太陽還只是一顆年輕的恆星，距離終結的時間還很長遠。
那麼，**宇宙**會不會終結呢？我們也不知道。
我們只知道，它是在 **140 億年前**開始的，當時發生了……

科學家之所以知道這件事，是因為
研究從太空深處傳來的光和其他輻射線，
顯示自從大霹靂至今，
宇宙一直持續冷卻和擴張。

在最初之前

> 可是大霹靂之前到底有什麼啊？

> 什麼都沒有！！！

> 連青蛙都沒有！？

不過，「大霹靂」之前
到底有什麼呢？

也許什麼都沒有。
沒有物質，也沒有時間。
那會是什麼樣子？

宇宙的科學充滿許多非常**重大的問題**

在這一章，你必須
想像一些
無從想像的事！

你準備好了嗎？

科學家說，如果你能夠按
下宇宙的倒帶鍵，看著時
間向後倒轉，你會看到宇
宙變得愈來愈小。

> 頭好痛！

到最後，它會縮小到難以置信，
甚至比最小的「次原子粒子」還小了很多很多。

科學家把大霹靂之前的狀況稱為**奇異點**。

奇異點在以前可能超級緻密。
是一顆充滿了熱和能量的微小球體，
包含了構成現在**全宇宙**的所有質量和所有時空。

這個是奇異點放大了

1,000,000,000,000,000,000,
000,000,000,000,000,000,
000,000,000,000,000,000,
000,000,000,000,000,000,
000,000,000,000,000,000,
000,000,000,000,000,000,
000,000,000,000,000,000,
000,000,000,000,000,000,

點五倍的大小。

那樣就**可能**表示，
時間還不存在。

或者，那可能表示
時間**確實**存在
只是完全不一樣。

回到當時，時間可能不只往一個方向前進。
有可能是往四面八方前進，
於是產生了很多**平行宇宙**。

所以，我們的宇宙有可能是某種「更大」的結構的一部分。
而且……
可能有很多不同的版本「你」，存在其他的宇宙裡，
過著各種不同版本的人生。

不過，萬一時間……

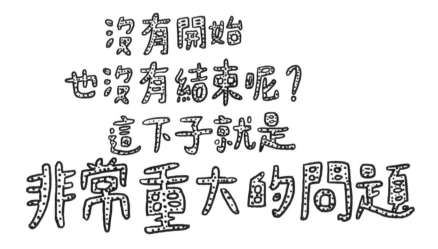

沒有開始
也沒有結束呢？
這下子就是
非常重大的問題

也許時間有點像是一條
「莫比烏斯帶」。

這條莫比烏斯帶把我搞糊塗了！

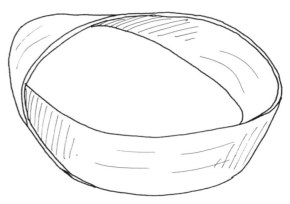

要製作莫比烏斯帶，你可以扭轉一張紙條，再把兩端黏起來，看起來就會像這張圖。

現在，想像有一隻螞蟻沿著紙帶表面爬行，牠可以永遠走下去，因為紙條永遠沒有終點。

時間**可能**就是有點像這樣。

笨螞蟻。

萬事通小寶盒

古典物理學，例如牛頓的科學（還記得他嗎？），是運用數學來描述世界上的事物究竟怎麼運作，而那是人們看得見並可以互動的事物。量子**物理學**則是描述那些太過微小以至於我們無法體驗的事物；它依然與物質和能量有關，不過講的是超級超級微小的——原子和次原子粒子的科學。

我們這個世界的「時間」是一個大箭頭，以固定的速度朝單一方向前進。

不過真的是這樣嗎？1900年代初期，阿爾伯特‧愛因斯坦提出相對論。他的理論說，事物承受的重力變大時，所感受到的時間就走得比較慢。還有，如果行進速度變快，時間也會變慢。

愛因斯坦**沒有**談到的是，
每課堂最後十五分鐘的時間是怎麼變慢的。

他提出了**時間膨脹**，
科學家能夠證明這種現象**確實有發生**。
不過，那就像潮汐一樣，
你不會注意到日常生活發生了這樣的事。

時間是一架噴射機。

科學家把一個原子鐘送上地球軌道一段時間，
等它回到地球後，真的走得比地球上的原子鐘還慢。

當時鐘本身的移動速度比較快，那麼時間就走得比較慢，
這代表你能夠在時空旅行中前進得比別人快。

想像一下，一位小寶寶太空人
行進的速度接近光速。
如果她有一位雙胞胎妹妹留在家裡，
則等到小寶寶太空人回家時，
會顯得比她的雙胞胎妹妹年輕多了。
因為在地球上的雙胞胎妹妹是以「正常」速率長大。

姊姊，歡迎回家。

妹妹……被被……飛飛……

愛因斯坦的相對論說，
如果你的行進速度比光速**更快**，
那麼你也可以**回到過去**。

嘿，小鳥，那表示時空旅行是**真的**！

那就來試試看吧！

哇！那表示我可以回去
找我自己的鳥蛋！

我們來一段**時空旅行**！

可惜**有**個問題。而且是個大問題。

我們是由**原子**組成的。
而即使原子本身幾乎沒什麼東西，
它們仍然絕對是某種東西，
那種東西稱為**物質**。
而「光」是**能量**，不是物質，
「光」是由**光子**組成的。

這對猴子來說
太簡單了啦！

物質必須遵守物理學的法則，
但「光」不必遵守。

愛因斯坦的方程式 $E=mc^2$

它的意思是說，如果你有質量（我們有，而光沒有）
那麼你的行進速度愈快，你就會變得愈重。
而變得比較重，就表示你需要愈來愈多的能量，
才能讓速度繼續變得更快。
如果你的速度可以接近光速，
你的質量會變得很巨大。

再下去，質量就會變成

所以，任何速度都不可能比光速還快。
「光」永遠都是賽跑冠軍。

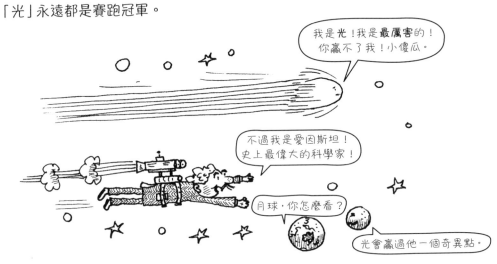

愛因斯坦還思考了其他事情，
於是提出另一項理論。

想像一下，下面這個網格結合了空間和時間。

較小的物體會像是滾進曲
線裡。這樣可以解釋宇宙
為何有引力。

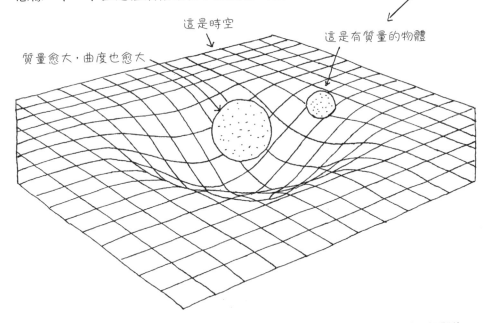

這也表示，時空之中可能有**蟲洞**這種通道，
蟲洞所連接的時間與地點，通常彼此相距非常遙遠。

所以，總有一天，我們仍然**有機會**
透過蟲洞在時空之中穿梭。
但總結來說，
時空旅行是……

……**有可能的**，
在你希望自己老化速度
跟別人不一樣的情況下。

不過，如果你是想要回到上個星期六，
那就**極度不可能**辦到了。

也不太可能回到上個世紀去見見愛因斯坦。

也不太可能跑去侏羅紀，與迅猛龍一起賽跑。

也不太可能回到數十億年前，跑去瞧瞧地球最早的生命。

或者回去奇異點，找出大霹靂之前究竟有什麼。

超越浩瀚無垠！

就算用超快速度來達成向前時空旅行，仍然有困難，
而且有可能致命。

只要加速、減慢或急轉彎，
你的身體都必須承受G力。
你搭乘雲霄飛車時就可以感受到G力。

太大的G力會害你骨折、
讓你柔軟溼潤的器官爆掉，
或者把你所有的血液都擠到腦袋裡（哎額）。

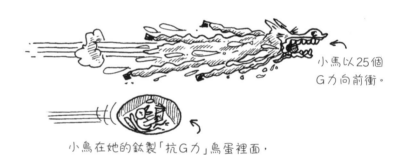

小馬以25個
G力向前衝。

小鳥在她的鈦製「抗G力」鳥蛋裡面，
以25個G力向前衝。

299,792公里／秒　這個區域有測速照相

而且，我們在太空中行進得愈快，就愈有可能
猛力撞上在另一方向以**超快**速度移動的東西。
例如小小的流星，以每小時大約30萬公里高速前進，
那樣的速度，基本上就像是威力超強的太空子彈。

人類有史以來最快的飛行速度，是「阿波羅十號」的太空任務。但那些太空人的速度也只有**每小時**39897公里，與光速在真空中的**每秒**299792公里還差得遠呢。

就算真的**可以**穿越時空，你會做什麼呢？

你不可能穿越到從前，去**改變**任何事，
因為這樣一來，那件事就不會發生。
而你就不會透過時空旅行
去**阻止**那件事發生。

萬一你不小心
改變了某件事呢？
像是你的時光機
把未來的你自己壓扁了？

還有更糟的！
萬一你回到過去，
把那時才十歲大的你爺爺
壓扁了呢？

那他就永遠不會長大，
永遠不會有小孩，
而你也永遠不會出生。

好消息是，那麼你就不會**存在**，
也就不會透過時空旅行，回到過去壓扁爺爺。
這種情況稱為**悖論**。

謝天謝地，你沒辦法進行時空旅行，
否則你可能會受困在一個超大的**時間迴圈**裡，
而不是在閱讀這本書！

7

我希望你專心一點，
因為會有考試喔

好啦，我承認……
我太好心了。

其實

沒有……

考試

不過，這裡有
宇宙所有問題的解答……

還有生命的意義，
免費大放送！

宇宙是非常非常**巨大**的東西，
不過一開始時，它小到你根本看不見。

接著它發生**大霹靂**！

你是很小的東西，而且充滿了
更微小的東西。
不過與那些微小的東西相比，
你就像宇宙一樣大。

宇宙有140億歲，地球是45億歲，
所以有數十億年的時間沒有發生太多事。
然後人類登場了，
不是經由外星人入侵，
而是透過演化而來。

經過一陣子後，人類發明了
火、農業、器物、汽車、飛機、
醫藥、電燈、電視、火箭、
網際網路，還有**巧克力**。

但如果我們沒有先建立起
溝通、合作，以及**友誼**，
就不會發明出上述那些事物了。

而且永遠也不會做得更好！

所以，
說真的，
這是 ‥‥‥‥‥‥